# フーリエ・ラプラス解析の基礎

FOURIER & LAPLACE ANALYSIS

大宮眞弓 著

森北出版株式会社

● 本書のサポート情報を当社 Web サイトに掲載する場合があります．下記の URL にアクセスし，サポートの案内をご覧ください．

http://www.morikita.co.jp/support/

● 本書の内容に関するご質問は，森北出版 出版部「(書名を明記)」係宛に書面にて，もしくは下記の e-mail アドレスまでお願いします．なお，電話でのご質問には応じかねますので，あらかじめご了承ください．

editor@morikita.co.jp

● 本書により得られた情報の使用から生じるいかなる損害についても，当社および本書の著者は責任を負わないものとします．

■ 本書に記載している製品名，商標および登録商標は，各権利者に帰属します．

■ 本書を無断で複写複製（電子化を含む）することは，著作権法上での例外を除き，禁じられています．複写される場合は，そのつど事前に (社)出版者著作権管理機構（電話 03-3513-6969，FAX 03-3513-6979，e-mail：info@jcopy.or.jp）の許諾を得てください．また本書を代行業者等の第三者に依頼してスキャンやデジタル化することは，たとえ個人や家庭内での利用であっても一切認められておりません．

# はじめに

　本書は，大学初年級の理工系学部におけるフーリエ解析とラプラス解析の基礎を平易に扱ったテキストである．内容的には，1年間の微分積分学の課程に引き続く，フーリエ・ラプラス解析の基礎を扱う1セメスターの課程に対応している．

　昨今の理系学部，とくに工学系学部では，コンピュータリテラシーをはじめ，従来なかったさまざまな履修科目が増えている．さらに，近年，医工学や生命工学とよばれる，医学系と工学系の融合型の学部や学科が増えている．そこでは，従来の理工系学部と同等の基礎的素養が要求されるのみならず，はるかに広い分野の生命医科学系科目をも履修しなければならない．端的にいって，フーリエ・ラプラス解析も従来の理工系学部に劣らず必要とされる．それどころか，画像処理のための信号解析に代表される，工学諸分野におけるフーリエ・ラプラス解析の重要性は，ますます増大している．それにもかかわらず，それらに演習を含んだ十分な時間を割く余裕がないのが実情である．

　そこで本書では，級数や積分の収束の取り扱いなどにおいて，数学的な厳密さをある程度犠牲にし，さらに，扱うテーマを応用面で要求される範囲に絞り込むことにより，1セメスター15回の講義で履修可能なように工夫した．

　ところで，数学では，計算で得られた結果を理解するために，グラフにして視覚的に理解する必要がある．最近の数式処理システム，たとえば，Maple はこのことに関して強力な機能をもっている．とくに，フーリエ・ラプラス解析では，従来の紙と鉛筆の時代では考えられないほどの威力を発揮する．本書では，この Maple を随所で用いることにした．

　フーリエ・ラプラス解析に現れる関数のグラフは，高等学校の数学に現れる多項式関数や三角関数のグラフに比べ，格段におもしろいものであったり綺麗であったりするので，積極的なコンピュータ使用による視覚化は，応用を離れても興味をひき起こすに違いない．ここでは Maple に限定したが，それが Mathematica であっても，またフリーの Maxima であっても，少しの工夫でまったく同じ体験をすることができる．

　なお，数学的な本編は，それらのコンピュータベースの部分とは独立に構成してあるので，コンピュータに頼らない授業に対しても，十分対応可能なように，テーマの絞り込み方などで考慮してある．そのような意味から，本書は従来型の純然たる数学に徹した授業のテキストにも使えるが，もしコンピュータを活用できれば，フーリエ・ラプラス解析の理解は飛躍的に高まるに違いない．

本書は，著者がここ数年間，同志社大学生命医科学部で「応用数理 I」と銘打って行った授業をもとにしている．その授業では演習時には Maple をインストールしたノート PC を使って，多くの演習問題を解いてもらった．参考のためにその際の問題を各所で紹介してある．それらの問題には問題番号の後ろに 🖥 を付けてある．Maple を援用しない授業ではとばしても差し支えないが，もし PC 環境と時間が許す場合はぜひトライして頂きたい．なお，🖥 を付けた問題を Maple 問題とよぶことにするが，それらの多くは計算結果を視覚化したものが大半である．したがって，Maple を用いない読者もその結果自身はきわめて重要なので，模範解答のグラフは参照されることをおすすめする．

　フーリエ解析において重要な「平均収束」などの数学的概念にはあえて触れなかった．それは数学的には大いに不満が残る点ではある．しかし，中途半端な数学的完全さと引き換えに，学生に難解な概念を押し付けて，フーリエ・ラプラス解析は難しいものと敬遠させてしまっては元も子もない．本書の対象とする分野の学生諸君が，将来フーリエ解析を日々の糧にする可能性が高いことを考えると，数学的完全さを犠牲にすることも致し方ないものと考える．そのかわりに，数式処理システムの助けを借りて，さまざまな数理現象，たとえば，ギッブス現象を視覚的に体感しておくことは，信号処理などでの実用的な扱いでは大いに役立つのではないかと思う．

　コンピュータをアシストに使ったフーリエ・ラプラス解析のテキストとしては，まだまだ未完成な部分も多いと思われる．本書を読んでの感想や欠点のご指摘を期待して止まない．

　本書を執筆するにあたって森北出版の富井晃氏には終始お世話になった．また同志社大学院生の松島正知君，岡本沙紀さんには原稿を読んでいただき色々コメント頂いた．また，同志社大学生命医科学部医情報学科の学生諸君には受講生として本書執筆のさまざまなヒントを頂いた．これらの方々に，この場を借りて心からのお礼を述べたい．

2013 年 3 月

大宮　眞弓

# 目 次

## 第1章 周期関数とフーリエ級数　1
1.1 周期関数 ……………………………………………………… 1
1.2 フーリエ級数 ………………………………………………… 5
1.3 フーリエ係数 ………………………………………………… 8
1.4 フーリエ級数の基本的性質 ………………………………… 11
1.5 フーリエ係数の計算例 ……………………………………… 16
1.6 一般の周期のフーリエ級数 ………………………………… 25
1.7 複素フーリエ級数 …………………………………………… 27
1.8 不連続関数とフーリエ級数 ………………………………… 30
1.9 最良近似とベッセルの不等式 ……………………………… 36
1.10 フーリエ余弦展開とフーリエ正弦展開 …………………… 41

## 第2章 フーリエ積分とフーリエ変換　47
2.1 フーリエの反転公式とフーリエ変換 ……………………… 47
2.2 フーリエ変換の基本的性質 ………………………………… 50
2.3 フーリエ変換に対するパーセバルの等式 ………………… 55
2.4 フーリエ変換の応用 ………………………………………… 59

## 第3章 ラプラス変換　67
3.1 ラプラス変換の定義 ………………………………………… 67
3.2 ラプラス変換の基本的性質 ………………………………… 72
3.3 ラプラス逆変換 ……………………………………………… 75
3.4 ラプラス変換と微分方程式 ………………………………… 80

## 付録　Maple 入門　84
A.1 数式処理システム —Maple— ……………………………… 84
A.2 Maple チュートリアル —周期関数とフーリエ級数— …… 88

A.3　Mapleチュートリアル　―フーリエ変換― ........................ 90

A.4　Mapleチュートリアル　―ラプラス変換― ........................ 92

## 練習問題・章末問題の略解と解説　　　　　　　　　　　　　　　　94

## 参考文献　　　　　　　　　　　　　　　　　　　　　　　　　　　115

## 索　引　　　　　　　　　　　　　　　　　　　　　　　　　　　　117

# 一般的な記号

## 一般的な数学記号

本書では，以下の数学で使われる一般的な記号を断らずに使うことにする．

$$\mathbb{N} = \{1, 2, \ldots, n, \ldots\}:\text{自然数全体}$$

$$\mathbb{Z} = \{0, \pm 1, \pm 2, \ldots, \pm n, \ldots\}:\text{整数全体}$$

$$\mathbb{Z}_+ = \{0, 1, 2, \ldots, n, \ldots\}:\text{非負整数全体}$$

$$\mathbb{R}:\text{実数全体}$$

$$\mathbb{C}:\text{複素数全体}$$

$$\square:\text{証明終わり}$$

## フーリエ変換・ラプラス変換

フーリエ変換を

$$\mathcal{F}[f(x)](\xi) \text{ または } \hat{f}(\xi)$$

で表し，ラプラス変換は

$$\mathcal{L}[x(t)](s)$$

で表す．

## ギリシャ文字

| 記号 | | 読み方 | 記号 | | 読み方 |
|---|---|---|---|---|---|
| $A$ | $\alpha$ | アルファ | $N$ | $\nu$ | ニュー |
| $B$ | $\beta$ | ベータ | $\Xi$ | $\xi$ | グザイ |
| $\Gamma$ | $\gamma$ | ガンマ | $O$ | $o$ | オミクロン |
| $\Delta$ | $\delta$ | デルタ | $\Pi$ | $\pi$ | パイ |
| $E$ | $\varepsilon$ | イプシロン | $P$ | $\rho$ | ロー |
| $Z$ | $\zeta$ | ゼータ | $\Sigma$ | $\sigma$ | シグマ |
| $H$ | $\eta$ | イェータ | $T$ | $\tau$ | タウ |
| $\Theta$ | $\theta$ | シータ | $Y$ | $\upsilon$ | ユプシロン |
| $I$ | $\iota$ | イオタ | $\Phi$ | $\varphi$ | ファイ |
| $K$ | $\kappa$ | カッパ | $X$ | $\chi$ | カイ |
| $\Lambda$ | $\lambda$ | ラムダ | $\Psi$ | $\psi$ | プサイ |
| $M$ | $\mu$ | ミュー | $\Omega$ | $\omega$ | オメガ |

# 第 1 章
# 周期関数とフーリエ級数

本章では，フーリエ解析の中でも最も基本になる，**周期関数を解析する方法であるフーリエ級数**を学ぶ．フーリエ解析は，昨今のディジタル時代を根幹で支える数学である．ディジタルカメラやディジタル通信は，すべての信号をフーリエ解析を用いて処理可能な信号に変換する．われわれは，意識するしないにかかわらず，日常でフーリエ解析を駆使しているわけである．それらをさらに発展させていくためには，フーリエ解析の基礎をきちんと学習することが不可欠である．本章はその第一歩である．

## 1.1 周期関数

関数 $f(x)$ は実数全体 $\mathbb{R}$ で定義されているとする．

**定義 1（周期関数）** 定数 $L \neq 0$ に対して
$$f(x+L) = f(x)$$
を満たすとき，$f(x)$ を**周期 $L$ の周期関数**という．

■**命題 1** $L$ が関数 $f(x)$ の周期ならば，任意の $n \in \mathbb{Z}$ に対して $nL$ も周期である．

**証明** 次はすぐわかる．
$$f(x+2L) = f((x+L)+L) = f(x+L) = f(x)$$
以下同様に，$n \in \mathbb{N}$ に対して
$$f(x+nL) = f((x+(n-1)L)+L) = f(x+(n-1)L) = \cdots = f(x)$$
が成立する．また，
$$f(x-L) = f((x-L)+L) = f(x)$$
である．したがって，$L$ が周期ならば $-L$ も周期である．上と同様に，$n \in \mathbb{N}$ に対して $-nL$ も周期である． □

したがって，$f(x)$ を周期関数とすると次のような周期が存在する．

> **定義 2（基本周期）** 周期関数 $f(x)$ に対して，その周期のうち正の最小の周期 $L > 0$ を**基本周期**という．

自然現象には周期関数で表されるものがたくさんある．大きな世界では，惑星や衛星の運動を記述する関数である．身の周りにも，家庭内のあらゆる所を流れている交流も周期関数で表される．等時性をもつ振り子やさまざまな振動，そのほか繰り返しを伴うものはすべて周期関数で表される．したがって，自然現象を深く知るには周期関数を深く知らなければならない．

▶**例 1（周期関数の例）** 微分積分学や複素解析と同様に，実例が重要である．
（1） 三角関数 $\cos x$，$\sin x$ は基本周期 $2\pi$ の周期関数である．
（2） 指数関数 $e^{i\theta}$ は基本周期 $2\pi$ の周期関数である．これはオイラーの公式

$$e^{i\theta} = \cos\theta + i\sin\theta$$

と上の (1) よりすぐわかる．
（3） 上の (1)，(2) のようによく知られている関数だけでなく，"人為的"に作られた次のような関数も，基本周期 $L > 0$ の周期関数である．関数 $f(x)$ を，次の場合分けを用いて定義する．

$$\begin{cases} n \in \mathbb{Z} \text{ に対して，} \dfrac{(2n-1)L}{4} \leq x < \dfrac{(2n+1)L}{4} \text{ ならば} \\ f(x) = (-1)^n \left( x - \dfrac{nL}{2} \right) \end{cases}$$

この関数のグラフは，図 1.1 ( a ) を左右に周期的に延長したもので，**鋸歯状波**とよぶ．
（4） 次の**矩形波**も信号処理では非常に重要な周期関数である．

$$f(x) = \begin{cases} -1 & \left( \dfrac{(2n-1)L}{2} \leq x < nL,\ n \in \mathbb{Z} \right) \\ 1 & \left( nL \leq x < \dfrac{(2n+1)L}{2},\ n \in \mathbb{Z} \right) \end{cases} \tag{1.1}$$

この関数のグラフは，図 1.1 ( b ) を左右に周期的に延長したものである．

次は明らかであろう．

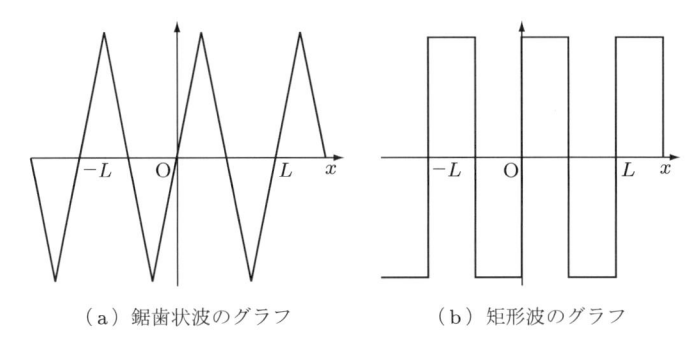

(a) 鋸歯状波のグラフ　　　　(b) 矩形波のグラフ

**図 1.1** 周期関数の例のグラフ

**定理 1（周期関数の基本的性質 (1)）** $f(x)$, $g(x)$ を周期 $L$ の周期関数，$\alpha$, $\beta$ を定数とする．そのとき次が成立する．

1. 線形結合 $\alpha f(x) + \beta g(x)$ も周期 $L$ の周期関数である．
2. 積 $f(x)g(x)$ も周期 $L$ の周期関数である．また，商 $\dfrac{f(x)}{g(x)}$ も周期 $L$ の周期関数である．

**注意 1** 上の周期 $L$ は基本周期とは限らない．とくに，2 においては，$f(x) = \cos x$, $g(x) = \sin x$ とおくと，それらは基本周期 $2\pi$ の周期関数である．しかし，倍角公式より

$$f(x)g(x) = \cos x \sin x = \frac{1}{2}\sin 2x$$

で，この関数の基本周期は $\pi$ で，もとの周期の半分になっている．

さらに，周期関数の積分に関して次の性質がわかる．これは，フーリエ係数の計算で役立つものである．

**定理 2（周期関数の基本的性質 (2)）** $L > 0$ に対して $f(x)$ を周期 $2L$ の周期関数とする．そのとき次が成立する．

1. 任意の $a \in \mathbb{R}$ に対して

$$\int_a^{a+2L} f(x)\,dx = \int_0^{2L} f(x)\,dx \tag{1.2}$$

2. $f(x)$ が奇関数，すなわち $f(-x) = -f(x)$ ならば，

$$\int_0^{2L} f(x)\,dx = 0 \tag{1.3}$$

が成立する．また，$f(x)$ が偶関数，すなわち $f(-x) = f(x)$ ならば，

$$\int_0^{2L} f(x)\,dx = 2\int_0^L f(x)\,dx \tag{1.4}$$

が成立する.

**証明** 1. 次が成立する.

$$\int_a^{a+2L} f(x)\,dx$$
$$= \int_a^{2L} f(x)\,dx + \int_{2L}^{a+2L} f(x)\,dx$$
$$= \int_a^{2L} f(x)\,dx + \int_{2L}^{a+2L} f(x-2L)\,dx \quad (\because f(x-2L) = f(x))$$
$$= \int_a^{2L} f(x)\,dx + \int_0^a f(y)\,dy \quad (\because y = x - 2L \text{ と変数変換})$$
$$= \int_0^{2L} f(x)\,dx$$

2. $f(x)$ が奇関数の場合は,次のように示せる.

$$\int_0^{2L} f(x)\,dx = \int_0^L f(x)\,dx + \int_L^{2L} f(x)\,dx$$
$$= \int_0^L f(x)\,dx + \int_L^{2L} f(x-2L)\,dx$$
$$= \int_0^L f(x)\,dx + \int_{-L}^0 f(x)\,dx$$
$$= \int_0^L f(x)\,dx - \int_L^0 f(-y)\,dy \quad (\because y = -x \text{ と変数変換})$$
$$= \int_0^L f(x)\,dx - \int_0^L f(y)\,dy = 0 \quad (\because f(-y) = -f(y))$$

偶関数の場合も同様である. □

**練習問題 1** 次の関数の基本周期を求めよ.
( 1 ) $\cos 3x + 2\sin 5x$ ( 2 ) $\sin 6x - \sin 8x$ ( 3 ) $3\cos 24x + \sin 6x$

**練習問題 2** 練習問題 1 の三つの関数のグラフを描き,基本周期がそこで求めたものとなることを視覚的に確かめよ(これは Maple 問題だが,Maple を用いない場合も解答の図を参照せよ). 🖥

**練習問題 3** 関数 $f(x) = \sin x + \cos\sqrt{2}x$ は周期関数でないことを示せ.

**練習問題 4** 次の三角関数の積を三角関数の和で表せ（これらの公式は，フーリエ級数の計算ではよく使われるので覚えておくこと）．
（1） $\sin x \sin y$ （2） $\cos x \cos y$ （3） $\sin x \cos y$

**練習問題 5** 次の公式を証明せよ.
（1） $\cos^2 x = \dfrac{1}{2}(1 + \cos 2x)$ （2） $\sin^2 x = \dfrac{1}{2}(1 - \cos 2x)$

## 1.2 フーリエ級数

周期関数を解析しようとすると，化学や物理学と同様に，"元素的なもの"に分解して考えるのが当然である．周期関数にとって元素的なものとして，すぐに思いつくのは三角関数である．そして，もしそれらが有限個の三角関数の和ならば，加法定理などを使って調べられるので，三角関数そのものと大差ない．したがって，有限和ではなく無限和 (= 級数) を考える必要がある．それが**フーリエ級数**である．$f(x)$ を周期 $2\pi$ の周期関数として，それを

$$f(x) = \frac{a_0}{2} + \sum_{n=1}^{\infty}(a_n \cos nx + b_n \sin nx) \tag{1.5}$$

のように表すことを考える．$a_n \ (n \in \mathbb{Z}_+)$，$b_n \ (n \in \mathbb{N})$ を**フーリエ係数**という．

では，どのような関数 $f(x)$ がフーリエ級数 (1.5) で表されるのだろうか．この問題に対する答えは先に延ばして，まず，式 (1.5) が表す関数の性質を調べてみよう．次の命題は明らかであろう．

■**命題 2** フーリエ級数 (1.5) の表す関数は，周期 $2\pi$ の周期関数である．

ところで，右辺の各項は三角関数で連続である．では，フーリエ級数 (1.5) の表す関数は連続といってよいだろうか．まず例で調べてみよう．

▶**例 2** 関数

$$f_N(x) = \sum_{n=1}^{N} \frac{4}{(2n-1)\pi} \sin((2n-1)x) \tag{1.6}$$

を考えよう．これはフーリエ級数を有限和にしたもので，**フーリエ多項式**とよばれ，フーリエ級数の近似式として応用ではよく用いられる．フーリエ多項式については，

**6**　第1章　周期関数とフーリエ級数

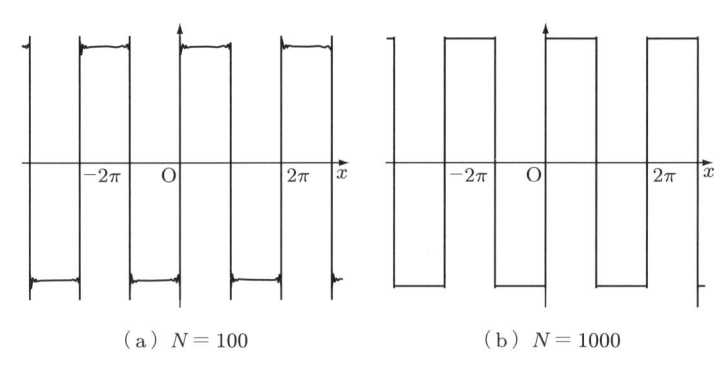

(a) $N=100$　　　　　　　(b) $N=1000$

図1.2　フーリエ多項式

1.9節で詳しく説明することにする．さて，図1.2 ( a )，( b ) は，それぞれフーリエ多項式 (1.6) の $N=100$，$N=1000$ の場合のグラフである．これはまさしく，$L=2\pi$ の場合の矩形波 (1.1) にほかならない．

$N=100$ 程度のときは，矩形波関数の不連続な部分で少し値が変動して誤差が現れているが，$N=1000$ にすると，そうとう正確に矩形波関数を再現している．

すなわち，**フーリエ級数は不連続関数も表すことができる**わけである．

本節の最後にフーリエ級数の意味を考えよう．フーリエ級数の定義式 (1.5) をみると，関数（信号）$f(x)$ の中に，"元素的な波" $\cos nx$ がどれくらい含まれているかを表す量がフーリエ係数 $a_n$ であり，$\sin nx$ がどれくらい含まれているかを表す量がフーリエ係数 $b_n$ であることがわかる．たとえば，図1.3 ( a ) を信号 $f(x)$ とする．その正体は，図1.3 ( b ) の二つの成分 $\sin x$，$\sin 0.9x$ の和 $5\sin x + \sin 0.9x$ にほかならない．

自然界を考えても，そのような現象は沢山ある．身の回りにある振動現象として地震を考えよう．2011年3月11日，マグニチュード9.0の歴史に残るような超巨大地震が

(a) 信号の波形　　　　　　(b) 信号の二つの成分

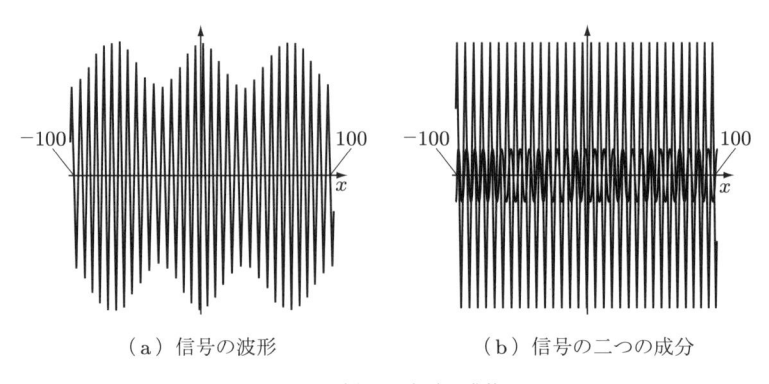

図1.3　信号の波形と成分

東日本に襲いかかった．そのような地震波も，フーリエ級数に分解してやるとさまざまな成分から成り立っていることがわかる．たとえば，二つの正弦波 $\sin 10x$, $\sin 0.1x$ を考えよう．それらの $-50 \leq x \leq 50$ に対するグラフはそれぞれ図 1.4（a），（b）である．このように，正弦波と一口にいっても，$\sin kx$ において $k$ を取り替えるとまったく違うものになる．$k$ を**波数**という．波数は一周期の中にいくつ波が含まれるかを表している数である．地震波の例で考えると，単位時間の中でどれくらい振動するかで，木造家屋が倒壊する振動もあれば，超高層ビルが 10 分間以上にわたってユラリユラリとゆれ続ける振動もある．同じマグニチュードや震度であっても，それをさまざまな波数成分に分解してやることにより，地震の振動の特性を調べることができるのである．

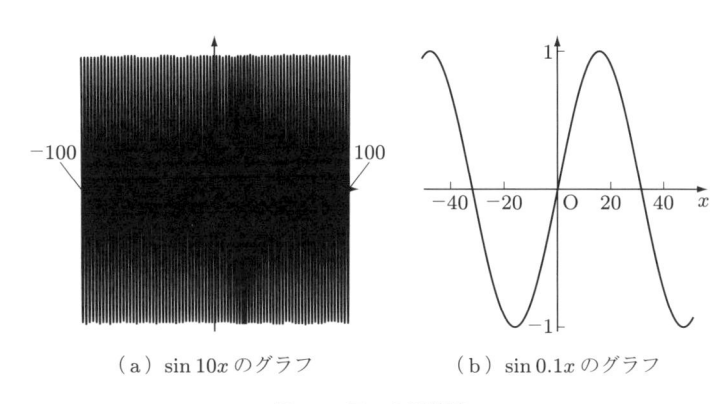

（a）$\sin 10x$ のグラフ　　（b）$\sin 0.1x$ のグラフ

図 1.4　二つの正弦波

以上のことを念頭において，次節では，フーリエ級数で表されている関数に対して，そのフーリエ係数を計算する方法を考察しよう．

**練習問題 6**　練習問題 3 で，関数 $\sin x + \cos\sqrt{2}x$ は周期関数でないことを証明した．どのような関数になるかを考察せよ．

**練習問題 7**　Maple で，パレット入力

$$f := (x, N) \mapsto \sum_{n=1}^{N} \frac{4}{(2*n-1)\pi} \sin((2*n-1)*x)$$

により関数 $f(x, N)$ を定義し，$N = 100$, $N = 1000$ に対してコマンド plot でグラフを描け．

## 1.3 フーリエ係数

$f(x)$ はフーリエ級数

$$f(x) = \frac{a_0}{2} + \sum_{n=1}^{\infty}(a_n \cos nx + b_n \sin nx)$$

で表されているとする(注．まだフーリエ級数で表される条件には言及していない)．まず，定積分の公式群から証明する．

■命題3　$m, n \in \mathbb{N}$ に対して次の公式が成立する．

$$\int_0^{2\pi} \cos mx \sin nx \, dx = 0 \tag{1.7}$$

$$\int_0^{2\pi} \cos mx \cos nx \, dx = \begin{cases} 0 & (m \neq n) \\ \pi & (m = n) \end{cases} \tag{1.8}$$

$$\int_0^{2\pi} \sin mx \sin nx \, dx = \begin{cases} 0 & (m \neq n) \\ \pi & (m = n) \end{cases} \tag{1.9}$$

**証明**　式 (1.7) の証明は次のようにできる．加法公式

$$\sin(\alpha \pm \beta) = \sin\alpha\cos\beta \pm \cos\alpha\sin\beta$$

より，

$$\int_0^{2\pi} \cos mx \sin nx \, dx = \frac{1}{2}\int_0^{2\pi} (\sin(m+n)x - \sin(m-n)x) \, dx$$

がわかる．任意の $k \in \mathbb{Z}$ に対して

$$\int_0^{2\pi} \sin kx \, dx = \left[-\frac{1}{k}\cos kx\right]_0^{2\pi} = 0 \tag{1.10}$$

より，

$$\int_0^{2\pi} \cos mx \sin nx \, dx = 0$$

が示された．一方，式 (1.8) は次のように示すことができる．まず，加法公式

$$\cos(\alpha \pm \beta) = \cos\alpha\cos\beta \mp \sin\alpha\sin\beta$$

より，

$$\int_0^{2\pi} \cos mx \cos nx\, dx = \frac{1}{2}\int_0^{2\pi} (\cos(m-n)x + \cos(m+n)x)\, dx \qquad (1.11)$$

が成立する．任意の $k \in \mathbb{N}$ に対して

$$\int_0^{2\pi} \cos kx\, dx = \left[\frac{1}{k}\sin kx\right]_0^{2\pi} = 0 \qquad (1.12)$$

が成立し，式 (1.11) において $m = n$ ならば，$\cos 0 = 1$ に注意すると

$$\text{式 (1.11) の右辺} = \frac{1}{2}\int_0^{2\pi} (1 + \cos 2mx)\, dx = \pi$$

がわかる．一方，式 (1.11) において $m \neq n$ ならば $m \pm n \neq 0$ だから，式 (1.12) より

$$\int_0^{2\pi} \cos mx \cos nx\, dx = 0$$

である．式 (1.9) は上と同様なので省略する． $\square$

この命題を用いると次が示される．

**定理 3（フーリエ係数の公式）** フーリエ級数

$$f(x) = \frac{a_0}{2} + \sum_{n=1}^{\infty} (a_n \cos nx + b_n \sin nx) \qquad (1.13)$$

において，フーリエ係数 $a_n\ (n \in \mathbb{Z}_+)$, $b_n\ (n \in \mathbb{N})$ は次式で与えられる．

$$a_n = \frac{1}{\pi}\int_0^{2\pi} f(x)\cos nx\, dx \quad (n \in \mathbb{Z}_+) \qquad (1.14)$$

$$b_n = \frac{1}{\pi}\int_0^{2\pi} f(x)\sin nx\, dx \quad (n \in \mathbb{N}) \qquad (1.15)$$

**証明** 式 (1.13) の両辺を 0 から $2\pi$ まで積分する．すると，式 (1.10), (1.12) により次がわかる．

$$\int_0^{2\pi} f(x)\, dx = 2\pi \cdot \frac{a_0}{2} + \sum_{n=1}^{\infty}\left(a_n\int_0^{2\pi}\cos nx\, dx + b_n\int_0^{2\pi}\sin nx\, dx\right)$$

$$= \pi a_0$$

したがって

$$a_0 = \frac{1}{\pi}\int_0^{2\pi} f(x)\, dx$$

である．$m \in \mathbb{N}$ として，式 (1.13) の両辺に $\cos mx$ をかけて $0$ から $2\pi$ まで積分する．すると，式 (1.12) と命題 3 より次がわかる．

$$\int_0^{2\pi} f(x) \cos mx \, dx$$
$$= \frac{a_0}{2} \int_0^{2\pi} \cos mx \, dx + \sum_{n=1}^{\infty} \left( a_n \int_0^{2\pi} \cos nx \cos mx \, dx + b_n \int_0^{2\pi} \sin nx \cos mx \, dx \right)$$
$$= \pi a_m$$

したがって，式 (1.14) が示された．式 (1.15) も同様である． □

以上のフーリエ係数の計算では，式 (1.14), (1.15) のように，すべて積分は $0$ から $2\pi$ で行ったが，それでは不便なことも多い．そこで，次を証明する．

■**命題 4** フーリエ係数 $a_n \ (n \in \mathbb{Z}_+)$, $b_n \ (n \in \mathbb{N})$ は

$$a_n = \frac{1}{\pi} \int_{-\pi}^{\pi} f(x) \cos nx \, dx \quad (n \in \mathbb{Z}_+) \tag{1.16}$$

$$b_n = \frac{1}{\pi} \int_{-\pi}^{\pi} f(x) \sin nx \, dx \quad (n \in \mathbb{N}) \tag{1.17}$$

と表される．

**証明** 定理 2 より明らかである． □

□**系 1** 周期関数 $f(x)$ が奇関数ならば，$f(x)$ のフーリエ係数に関して $a_n = 0 \ (n \in \mathbb{Z}_+)$ が成立する．また，周期関数 $f(x)$ が偶関数ならば，$f(x)$ のフーリエ係数に関して $b_n = 0 \ (n \in \mathbb{N})$ が成立する．

**証明** $f(x)$ が奇関数ならば，式 (1.16) において被積分関数 $f(x) \cos x$ は奇関数なので $a_n = 0 \ (n \in \mathbb{Z}_+)$ がわかる．偶関数の場合も同様である． □

ところで，すでにしばしば現れたフーリエ多項式をきちんと定義しておこう．

**定義 3（フーリエ多項式）** $N \in \mathbb{N}$ とする．フーリエ級数

$$f(x) = \frac{a_0}{2} + \sum_{n=1}^{\infty} (a_n \cos nx + b_n \sin nx)$$

に対して

$$f_N(x) = \frac{a_0}{2} + \sum_{n=1}^{N}(a_n \cos nx + b_n \sin nx)$$

を $N$ 次フーリエ多項式という（$N$ 次フーリエ多項式を Maple で扱う場合などは，2 変数関数のように $f(x, N)$ と書く場合もある）．

**練習問題 8** $-\pi \leq x \leq \pi$ に対して $f(x) = x^2$ で定義された関数を周期 $2\pi$ で周期関数に拡張した関数のフーリエ級数を求めよ（ヒント．命題 4 や系 1 を用いると計算が簡略化される）．

**練習問題 9** 練習問題 8 で得られたフーリエ級数に対して，第 $N$ 次フーリエ多項式を $f(x, N)$ として，$N = 10, 100, 1000$ に対してグラフを描け．🖥

**練習問題 10** $-\pi \leq x \leq \pi$ に対して，$g(x) = x^3$ で定義された関数を周期 $2\pi$ で周期関数に拡張した関数の，フーリエ級数を求めよ．

**練習問題 11** 練習問題 10 で得られたフーリエ級数に対して，第 $N$ 次フーリエ多項式を $g(x, N)$ として，$N = 10, 100, 1000$ に対してグラフを描け．🖥

**練習問題 12** $-\pi < x \leq \pi$ に対して，

$$h(x) = \begin{cases} x^2 & (0 \leq x \leq \pi) \\ 0 & (-\pi < x < 0) \end{cases}$$

で定義された関数を周期 $2\pi$ で周期関数に拡張した関数の，フーリエ級数を求めよ．

**練習問題 13** 練習問題 12 で得られたフーリエ級数に対して，第 $N$ 次フーリエ多項式を $h(x, N)$ として，$N = 10, 100, 1000$ に対してグラフを描け．🖥

## 1.4 フーリエ級数の基本的性質

本節では，フーリエ級数の詳しい解析に入るまえに，ごく基本的な性質をあげておく．そのために，本節では次の記号を用いる．すなわち，フーリエ級数

$$f(x) = \frac{a_0}{2} + \sum_{n=1}^{\infty}(a_n \cos nx + b_n \sin nx)$$

に対して，フーリエ係数 $a_n$, $b_n$ を表す際，関数 $f(x)$ を強調する必要があることがあるので

$$a_n = a_n(f), \quad b_n = b_n(f)$$

と書くことにする．すなわち，

$$f(x) = \frac{a_0(f)}{2} + \sum_{n=1}^{\infty}(a_n(f)\cos nx + b_n(f)\sin nx)$$

である．少しわずらわしい記号だが，以下の例にみるように便利なことも多い．ただし，わざわざこのような記号を使わなくても混乱が起きない場合は，省略することとする．要するに，記号は「混乱が起きずに適切に主張が表現できればそれが最善である」といえる．

### I. 微分法とフーリエ級数

フーリエ級数

$$f(x) = \frac{a_0(f)}{2} + \sum_{n=1}^{\infty}(a_n(f)\cos nx + b_n(f)\sin nx)$$

が項別微分可能であるためには，実際は条件が必要である．しかし，それに立ち入るのは本書の程度を超えるので，対象を制限して，**項別に微分可能なものだけを考える**ことにする．そのとき次が成立する．

**定理 4** 周期 $2\pi$ の周期関数 $f(x)$ が，1 周期分の区間 $[0, 2\pi]$ 内の有限個の点を除いて微分可能で，$f(x)$ のフーリエ級数が項別微分可能で，導関数 $f'(x)$ が連続ならば，$f'(x)$ のフーリエ級数は次で与えられる．

$$f'(x) = \sum_{n=1}^{\infty}(-na_n(f)\sin nx + nb_n(f)\cos nx) \tag{1.18}$$

すなわち，

$$a_0(f') = 0, \quad a_n(f') = nb_n(f) \quad (n \in \mathbb{N})$$
$$b_n(f') = -na_n(f)$$

である．

**証明** 1.3 節の定理 3 で示された公式 (1.14) により，次がわかる．

$$a_n(f') = \frac{1}{\pi} \int_0^{2\pi} f'(x) \cos nx \, dx$$

$$= \frac{1}{\pi} \Big[ f(x) \cos nx \Big]_0^{2\pi} - \frac{1}{\pi} \int_0^{2\pi} f(x)(-n \sin nx) \, dx$$

$$= \frac{1}{\pi} (f(2\pi) - f(0)) + \frac{n}{\pi} \int_0^{2\pi} f(x) \sin nx \, dx$$

$$= n b_n(f)$$

ここでは，周期性より $f(2\pi) - f(0) = 0$ が成立することを用いた．$b_n(f') = -n a_n(f)$ も同様である． □

## II. 積分法とフーリエ級数

$f(x)$ を周期 $2\pi$ の周期関数とし，その不定積分を

$$F(x) = \int_0^x f(t) \, dt$$

とおく．$f(x)$ は区分的に連続，すなわち，閉区間 $[0, 2\pi]$ 内の有限個の点を除き連続とする．そこで，フーリエ級数（変数を $t$ にしておく）

$$f(t) = \frac{a_0(f)}{2} + \sum_{n=1}^{\infty} (a_n(f) \cos nt + b_n(f) \sin nt)$$

を，形式的に項別に $0$ から $x$ まで変数 $t$ について積分する．

$$\int_0^x f(t) \, dt = \int_0^x \frac{a_0(f)}{2} \, dt + \sum_{n=1}^{\infty} \left( a_n(f) \int_0^x \cos nt \, dt + b_n(f) \int_0^x \sin nt \, dt \right)$$

$$= \frac{a_0(f)}{2} x + \sum_{n=1}^{\infty} \left( a_n(f) \left[ \frac{\sin nt}{n} \right]_{t=0}^x - b_n(f) \left[ \frac{\cos nt}{n} \right]_{t=0}^x \right)$$

$$= \frac{a_0(f)}{2} x + \sum_{n=1}^{\infty} \left( \frac{a_n(f)}{n} \sin nx + \frac{b_n(f)}{n} (1 - \cos nx) \right)$$

$$= \frac{a_0(f)}{2} x + \sum_{n=1}^{\infty} \frac{b_n(f)}{n} + \sum_{n=1}^{\infty} \left( \frac{-b_n(f)}{n} \cos nx + \frac{a_n(f)}{n} \sin nx \right) \quad (1.19)$$

そこで，

$$G(x) = F(x) - \frac{a_0(f)}{2} x \quad (1.20)$$

とおくと，次の補題が成立する．

◆**補題 1** $f(x)$ が周期 $2\pi$ の周期関数で，閉区間 $[0, 2\pi]$ 内の有限個の点を除いて連続ならば，式 (1.20) で定義された関数 $G(x)$ は，$[0, 2\pi]$ 内の有限個の点を除いて微分可能かつ導関数が連続な周期 $2\pi$ の周期関数である．

**証明** まず，周期性を示す．

$$\begin{aligned}G(x+2\pi) &= F(x+2\pi) - \frac{a_0(f)}{2}(x+2\pi) \\ &= \int_0^{x+2\pi} f(t)\,dt - \frac{a_0(f)}{2}(x+2\pi) \\ &= \int_0^x f(t)\,dt + \int_x^{x+2\pi} f(t)\,dt - \frac{a_0(f)}{2}(x+2\pi) \quad (1.21)\end{aligned}$$

1.1 節の定理 2 の式 (1.2) と 1.3 節の定理 3 の公式 (1.14) より，

$$\int_x^{x+2\pi} f(t)\,dt = \int_0^{2\pi} f(t)\,dt = \pi a_0(f)$$

に注意すると，次がわかる．

$$\begin{aligned}\text{式 (1.21) の右辺} &= \int_0^x f(t)\,dt + \pi a_0(f) - \frac{a_0(f)}{2}x - \pi a_0(f) \\ &= F(x) - \frac{a_0(f)}{2}x = G(x) \quad (1.22)\end{aligned}$$

したがって，式 (1.21), (1.22) より，

$$G(x+2\pi) = G(x)$$

が示された．すなわち，$G(x)$ は周期 $2\pi$ の周期関数である．微分可能性は，その点で $f(x)$ が連続ならば，微分積分学の基本定理により微分可能で導関数も連続である．

□

**注意 2** 上の補題の証明の最後の部分は少し不正確である．不連続点で導関数が発散しないような条件が必要であるが，ここでは形式的な議論で済ましておく．もう少し詳しいことを議論するには，あとの 1.8 節で考察する**ディリクレ条件**の考え方が必要である．不連続点で生じる問題の具体的な例としては，1.5 節の例 5, 6 で述べる．

補題 1 より，$G(x)$ はフーリエ級数で表されるので

$$G(x) = \frac{a_0(G)}{2} + \sum_{n=1}^{\infty} (a_n(G)\cos nx + b_n(G)\sin nx) \quad (1.23)$$

である．そこで，式 (1.19) を用いると，$G(x)$ の定義 (1.20) より

$$G(x) = \sum_{n=1}^{\infty} \frac{b_n(f)}{n} + \sum_{n=1}^{\infty} \left( \frac{-b_n(f)}{n} \cos nx + \frac{a_n(f)}{n} \sin nx \right) \quad (1.24)$$

である．式 (1.23) と式 (1.24) を見比べると次がわかる．

> **定理 5（積分のフーリエ係数）** 不定積分を用いて定義された関数
>
> $$G(x) = \int_0^x f(t)\,dt - \frac{a_0(f)}{2}x$$
>
> のフーリエ係数は次で与えられる．
>
> $$a_0(G) = 2\sum_{n=1}^{\infty} \frac{b_n(f)}{n}, \quad a_n(G) = -\frac{b_n(f)}{n} \quad (n \in \mathbb{N})$$
>
> $$b_n(G) = \frac{a_n(f)}{n} \quad (n \in \mathbb{N})$$

次節では，以上の基本的性質を用いて，フーリエ係数の計算方法を紹介する．

**練習問題 14** 関数 $f(x)$ を次で定義された関数を周期 $2\pi$ で周期的に拡張したものとする．

$$f(x) = \begin{cases} -x - \pi & \left(-\pi \leq x < -\frac{\pi}{2}\right) \\ x & \left(-\frac{\pi}{2} \leq x < \frac{\pi}{2}\right) \\ -x + \pi & \left(\frac{\pi}{2} \leq x \leq \pi\right) \end{cases}$$

一方，関数 $g(x)$ を次で定義された関数を周期 $2\pi$ で周期的に拡張したものとする．

$$g(x) = \begin{cases} -1 & \left(-\pi \leq x < -\frac{\pi}{2}\right) \\ 1 & \left(-\frac{\pi}{2} \leq x < \frac{\pi}{2}\right) \\ -1 & \left(\frac{\pi}{2} \leq x \leq \pi\right) \end{cases}$$

$f(x)$, $g(x)$ のフーリエ級数を求め，$f(x)$ のフーリエ級数の項別微分と $g(x)$ のフーリエ級数が一致していることを確かめよ．また，$g(x)$ のフーリエ級数の項別積分が $f(x)$ のフーリエ級数と一致していることを確かめよ．

**練習問題 15** 練習問題 14 の関数 $f(x)$, $g(x)$ の第 $N$ 次フーリエ多項式 $f(x,N)$, $g(x,N)$ のグラフを $N=10, 100, 1000$ に対して描き，互いに比較せよ．🖥

## 1.5 フーリエ係数の計算例

本節では，いくつかの簡単に計算でき，かつ，興味深い例を紹介する．

まず，フーリエ係数の計算でよく使われる公式を示しておく．

◆**補題 2** すべての $n \in \mathbb{Z}$ に対して

$$\cos n\pi = (-1)^n \tag{1.25}$$

が成立する．

**証明** 数学的帰納法で示す．$n=0$ では明らかに成立する．$n-1$ まで成立したとする．すなわち $\cos((n-1)\pi) = (-1)^{n-1}$ を仮定する．

$$\begin{aligned}\cos n\pi &= \cos((n-1)\pi + \pi) \\ &= \cos((n-1)\pi)\cos\pi - \sin((n-1)\pi)\sin\pi \\ &= -\cos((n-1)\pi) = (-1)(-1)^{n-1} = (-1)^n\end{aligned}$$

したがって，$n \in \mathbb{Z}_+$ に対しては式 (1.25) が成立する．$n < 0$ である $n \in \mathbb{Z}$ に対しては，$\cos x$ が偶関数であることに注意すると明らかに成立する． □

▶**例 3（鋸歯状波関数のフーリエ級数）** 鋸歯状波関数は，1.1 節の例 1 で紹介した．ここではその定義を少し変えて，計算が少しだけ簡単になる次の関数を考える（図 1.5 参照）．

$$f(x) = \begin{cases} x + \pi & (-\pi \leq x < 0) \\ -x + \pi & (0 \leq x < \pi) \end{cases} \tag{1.26}$$

まず，$n \in \mathbb{Z}_+$ に対して $a_n$ を計算する．

$$a_n = \frac{1}{\pi}\left(\int_0^\pi (-x+\pi)\cos nx\, dx + \int_\pi^{2\pi}(x-\pi)\cos nx\, dx\right) \tag{1.27}$$

$n=0$ の場合は次のようになる．

$$\text{式 (1.27) の右辺第 1 項} = -\frac{1}{\pi}\int_0^\pi x\, dx + \int_0^\pi dx = -\frac{1}{\pi}\left[\frac{1}{2}x^2\right]_0^\pi + \pi = \frac{1}{2}\pi$$

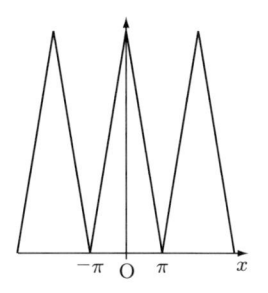

**図 1.5** 鋸歯状波関数

式 (1.27) の右辺第 2 項 $= \dfrac{1}{\pi}\displaystyle\int_{\pi}^{2\pi} x\,dx - \int_{\pi}^{2\pi} dx = \dfrac{1}{\pi}\left[\dfrac{1}{2}x^2\right]_{\pi}^{2\pi} - \pi = \dfrac{1}{2}\pi$

ゆえに

$$a_0 = \frac{1}{2}\pi + \frac{1}{2}\pi = \pi \tag{1.28}$$

である．次に，$n \in \mathbb{N}$ に対して $a_n$ を計算する．

$$\begin{aligned}
\text{式 (1.27) の右辺第 1 項} &= -\frac{1}{\pi}\int_0^{\pi} x\cos nx\,dx + \int_0^{\pi} \cos nx\,dx \\
&= -\frac{1}{\pi}\left[\frac{1}{n}x\sin nx\right]_0^{\pi} + \frac{1}{n\pi}\int_0^{\pi}\sin nx\,dx + \left[\frac{1}{n}\sin nx\right]_0^{\pi} \\
&= \frac{1}{n\pi}\left[-\frac{1}{n}\cos nx\right]_0^{\pi} = -\frac{1}{n^2\pi}\cos n\pi + \frac{1}{n^2} \\
&= -\frac{(-1)^n}{n^2\pi} + \frac{1}{n^2\pi} = \frac{(-1)^{n+1}+1}{n^2\pi}
\end{aligned}$$

$$\begin{aligned}
\text{式 (1.27) の右辺第 2 項} &= \frac{1}{\pi}\int_{\pi}^{2\pi} x\cos nx\,dx + \int_{\pi}^{2\pi}\cos nx\,dx \\
&= \frac{1}{\pi}\left[\frac{1}{n}x\sin nx\right]_{\pi}^{2\pi} - \frac{1}{n\pi}\int_{\pi}^{2\pi}\sin nx\,dx + \left[\frac{1}{n}\sin nx\right]_{\pi}^{2\pi} \\
&= -\frac{1}{n\pi}\left[-\frac{1}{n}\cos nx\right]_{\pi}^{2\pi} = \frac{1}{n^2\pi}(\cos 2n\pi - \cos n\pi) \\
&= \frac{1}{n^2\pi}(1 - (-1)^n)
\end{aligned}$$

よって，以上をまとめると，$n \in \mathbb{N}$ に対して

$$a_n = \frac{1}{n^2\pi}((-1)^{n+1} + 1 + 1 - (-1)^n) = \frac{2}{n^2\pi}((-1)^{n+1} + 1) \tag{1.29}$$

が成立する．

次に，$n \in \mathbb{N}$ に対して $b_n$ を求める．

$$b_n = \frac{1}{\pi} \int_0^{2\pi} f(x) \sin nx \, dx$$

であるが，この被積分関数の変数を $x$ から $-x$ にすると，$f(x)$ は明らかに偶関数で $\sin nx$ は奇関数なので

$$f(-x) \sin(-nx) = -f(x) \sin nx$$

である．すなわち，積 $f(x) \sin nx$ は奇関数である．したがって，定理 2（周期関数の積分に関する基本的性質 (2)）の式 (1.3) により

$$b_n = 0 \tag{1.30}$$

が成立する．

したがって，式 (1.28)～(1.30) より

$$f(x) = \frac{\pi}{2} + \frac{2}{\pi} \sum_{n=1}^{\infty} \frac{(-1)^{n+1} + 1}{n^2} \cos nx \tag{1.31}$$

がわかった．

このフーリエ級数の，有限近似のフーリエ多項式のグラフを描いてみよう．総和の上限 $\infty$ を有限の $N$ にしたフーリエ多項式

$$f_N(x) = \frac{\pi}{2} + \frac{2}{\pi} \sum_{n=1}^{N} \frac{(-1)^{n+1} + 1}{n^2} \cos nx \tag{1.32}$$

に対して，$N=10$ と $N=100$ としたもののグラフがそれぞれ図 1.6 (a) と図 (b) である．$N=10$ と $N=100$ のグラフを比較すると，グラフの尖端部が $N=10$ の

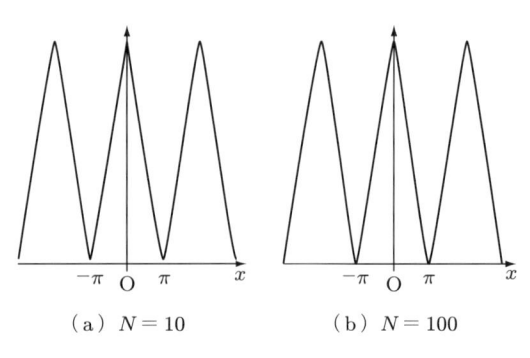

（a）$N=10$　　　（b）$N=100$

図 1.6　鋸歯状波関数のフーリエ多項式

場合に少し丸みを帯びている以外，大きな差はないことに注意しよう．次の例 4 も同様である．例 5 の矩形波関数の場合などと比較して，誤差が少ないことがわかる．

▶**例 4（連なりピーク型関数のフーリエ級数）** 関数 $e^{-|x|}$ はピーク型関数とよばれ，非線形波動理論では，きわめて重要な関数である．ここでは，その関数を $-\pi \leq x < \pi$ で定義されたものとして，それを，周期 $2\pi$ で周期関数に拡張した関数 $f(x)$ のフーリエ級数を求めよう．まず，関数 $f(x)$ のグラフは図 1.7 のようになる．フーリエ係数の計算は，少し複雑だが，部分積分をくり返すことにより計算できる．

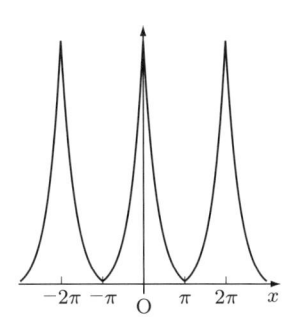

**図 1.7** 連なりピーク型関数

最初に $a_n$ を計算しよう．$n \in \mathbb{N}$ とする．

$$a_n = \frac{1}{\pi} \int_{-\pi}^{\pi} e^{-|x|} \cos nx \, dx$$
$$= \frac{1}{\pi} \int_{0}^{\pi} e^{-x} \cos nx \, dx + \frac{1}{\pi} \int_{-\pi}^{0} e^{x} \cos nx \, dx \qquad (1.33)$$

式 (1.33) の第 2 項は，$y = -x$ と変数変換すると

$$\frac{1}{\pi} \int_{-\pi}^{0} e^{x} \cos nx \, dx = -\frac{1}{\pi} \int_{\pi}^{0} e^{-y} \cos(-ny) \, dy = \frac{1}{\pi} \int_{0}^{\pi} e^{-y} \cos ny \, dy$$

であるから，第 1 項と一致する．すなわち，

$$a_n = \frac{2}{\pi} \int_{0}^{\pi} e^{-x} \cos nx \, dx$$

である．この式の右辺の積分を計算しよう．

$$\int_{0}^{\pi} e^{-x} \cos nx \, dx = \left[ -e^{-x} \cos nx \right]_{0}^{\pi} - n \int_{0}^{\pi} e^{-x} \sin nx \, dx$$
$$= -e^{-\pi} \cos n\pi + 1 - n \int_{0}^{\pi} e^{-x} \sin nx \, dx$$

$$= -e^{-\pi}\cos n\pi + 1 - n\Big(\big[-e^{-x}\sin nx\big]_0^\pi + n\int_0^\pi e^{-x}\cos nx\, dx\Big)$$

$$= -e^{-\pi}\cos n\pi + 1 - n^2\int_0^\pi e^{-x}\cos nx\, dx \tag{1.34}$$

最後の式の積分を左辺に移項し，本節の冒頭の補題 2 より，$\cos n\pi = (-1)^n$ であることに注意して整理すると，次がわかる．

$$\int_0^\pi e^{-x}\cos nx\, dx = \frac{1-(-1)^n e^{-\pi}}{1+n^2}$$

したがって

$$a_n = \frac{2}{\pi}\frac{1-(-1)^n e^{-\pi}}{1+n^2} \tag{1.35}$$

がわかった．

次に，$b_n$ を計算しよう．これは $a_n$ の計算に比べるとずっと簡単である．

$$b_n = \frac{1}{\pi}\int_{-\pi}^\pi e^{-|x|}\sin nx\, dx$$

$$= \frac{1}{\pi}\int_0^\pi e^{-x}\sin nx\, dx + \frac{1}{\pi}\int_{-\pi}^0 e^x \sin nx\, dx \tag{1.36}$$

式 (1.36) の第 2 項の積分において，変数変換 $y = -x$ を行う．$\sin(-ny) = -\sin ny$ に注意すると，

$$\int_{-\pi}^0 e^x \sin nx\, dx = -\int_\pi^0 e^{-y}\sin(-ny)\, dy = -\int_0^\pi e^{-y}\sin ny\, dy$$

がわかる．したがって

$$b_n = \frac{1}{\pi}\int_0^\pi e^{-x}\sin nx\, dx - \frac{1}{\pi}\int_0^\pi e^{-y}\sin ny\, dy = 0$$

がわかった．

最後に，式 (1.35) において $n = 0$ とすると，

$$a_0 = \frac{2}{\pi}(1-e^{-\pi})$$

である．以上をまとめると，次のフーリエ級数が得られる．

$$f(x) = \frac{1}{\pi}(1-e^{-\pi}) + \frac{2}{\pi}\sum_{n=1}^\infty \frac{1-(-1)^n e^{-\pi}}{1+n^2}\cos nx \tag{1.37}$$

そこで，フーリエ多項式 $f_N(x)$ を

$$f_N(x) = \frac{1}{\pi}(1 - e^{-\pi}) + \frac{2}{\pi}\sum_{n=1}^{N}\frac{1 - (-1)^n e^{-\pi}}{1 + n^2}\cos nx$$

で定義すると，$f_{10}(x)$，$f_{100}(x)$，$f_{1000}(x)$ のグラフはそれぞれ図 1.8 ( a )〜( c ) のようになる．

（a）$N = 10$　　　（b）$N = 100$　　　（c）$N = 1000$

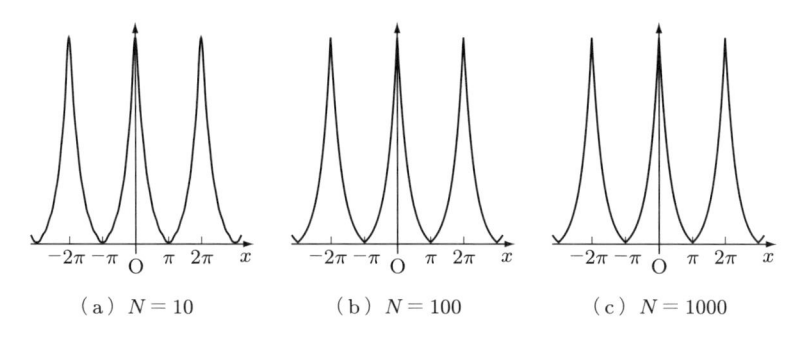

図 1.8　連なりピーク型関数のフーリエ多項式

▶例 5（矩形波関数のフーリエ級数）　矩形波関数は 1.1 節の例 1 で紹介した．そのフーリエ級数も式 (1.6) で与えてある．例 3 と同様に，計算を簡単にするために，少し簡単にした次の矩形波関数のフーリエ係数を計算する（図 1.9 参照）．

$$f(x) = \begin{cases} 1 & (0 \leq x < \pi) \\ 0 & (\pi \leq x < 2\pi) \end{cases} \tag{1.38}$$

フーリエ係数の公式である，定理 3 に従って計算する．$n \in \mathbb{Z}_+$ に対して $a_n$ を計算する．

$$a_n = \frac{1}{\pi}\int_0^{\pi}\cos nx\,dx = \begin{cases} 1 & (n = 0) \\ 0 & (n \geq 1) \end{cases} \tag{1.39}$$

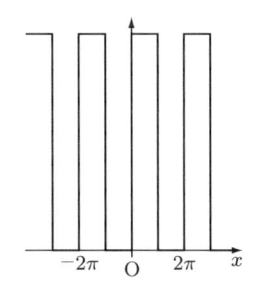

図 1.9　矩形波関数

次に，$n \in \mathbb{N}$ に対して $b_n$ を計算する．

$$b_n = \frac{1}{\pi}\int_0^{\pi} \sin nx\,dx = \frac{1}{n\pi}(-\cos n\pi + 1) \tag{1.40}$$

公式 (1.25) と式 (1.40) より

$$b_n = \frac{1}{n\pi}((-1)^{n+1} + 1) \tag{1.41}$$

がわかる．したがって，計算した式 (1.39), (1.41) を，フーリエ級数の定義式 (1.13) に代入すると

$$f(x) = \frac{1}{2} + \frac{1}{\pi}\sum_{n=1}^{\infty} \frac{(-1)^{n+1}+1}{n}\sin nx \tag{1.42}$$

がわかる．$n = 2m$ ならば $(-1)^{n+1} + 1 = 0$ であるから

$$f(x) = \frac{1}{2} + \frac{2}{\pi}\sum_{m=1}^{\infty} \frac{1}{2m-1}\sin(2m-1)x$$

とも表されるが，この式は式 (1.6) と同じ形をしていることに注意をしよう．この級数に対応するフーリエ多項式は，$N \in \mathbb{N}$ に対して次で定義される．

$$f_N(x) = \frac{1}{2} + \frac{1}{\pi}\sum_{n=1}^{N} \frac{(-1)^{n+1}+1}{n}\sin nx \tag{1.43}$$

いくつかの $N$ に対して $f_N(x)$ のグラフを描いてみよう[1]．図1.10 ( a )〜( c ) が，それぞれ，$N = 10$, $N = 100$, $N = 1000$ のときの $f_N(x)$ のグラフである．

（a）$N = 10$　　　（b）$N = 100$　　　（c）$N = 1000$

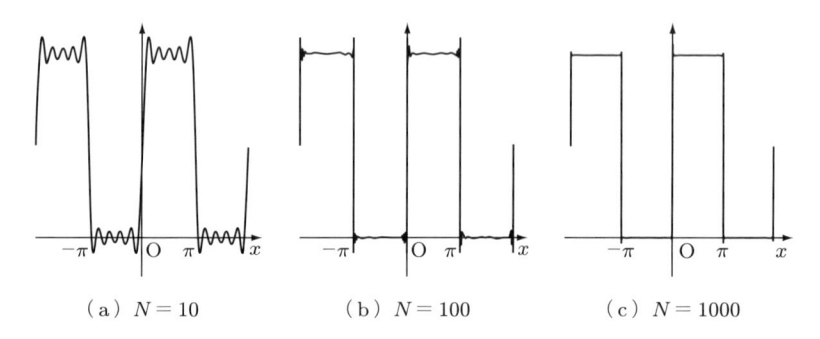

図 1.10　矩形波関数のフーリエ多項式

---

[1] Maple でグラフを描く場合は，たとえば，$N = 10$ ならば，次のようにすればよい．

$$\mathrm{plot}\left(\frac{1}{2} + \frac{1}{\pi} * \sum_{n=1}^{10} \frac{(-1)^{n+1}+1}{n} * \sin(n*x), x = -2*\pi..2*\pi, \mathrm{color} = \mathrm{black}\right);$$

フーリエ多項式の項数を増やすと，次第に近似の精度が上がっているのがよくわかる．

▶例 6（変形鋸歯状波関数のフーリエ級数） 関数

$$f(x) = \begin{cases} x & (0 \leq x < \pi) \\ x - \pi & (\pi \leq x < 2\pi) \end{cases} \tag{1.44}$$

を周期 $2\pi$ で周期的に拡張した関数，変形鋸歯状波関数 $f(x)$ のフーリエ級数を求めよう．$f(x)$ のグラフは図 1.11 である．

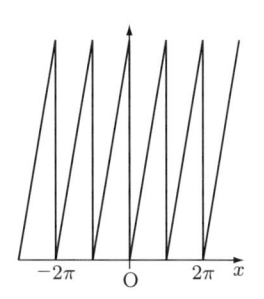

**図 1.11** 変形鋸歯状波関数

フーリエ係数の計算は，上の例 3～5 とほぼ同様なので省略し，結果だけを紹介する．詳しい計算は練習問題として残す．フーリエ係数は次で与えられる．

$$\begin{aligned} a_0 = \pi, \quad a_n &= 0 \quad (n \in \mathbb{N}) \\ b_n &= \frac{1}{n}((-1)^{n+1} - 1) \quad (n \in \mathbb{N}) \end{aligned} \tag{1.45}$$

したがって，フーリエ級数は

$$f(x) = \frac{\pi}{2} + \sum_{n=1}^{\infty} \frac{(-1)^{n+1} - 1}{n} \sin nx \tag{1.46}$$

である．そこでフーリエ多項式を $N \in \mathbb{N}$ に対して

$$f_N(x) = \frac{\pi}{2} + \sum_{n=1}^{N} \frac{(-1)^{n+1} - 1}{n} \sin nx \tag{1.47}$$

で定義する．そこで，$N = 10$, $N = 100$, $N = 1000$ に対してグラフを描くと，それぞれ図 1.12（a）～（c）となる．

(a) $N = 10$　　(b) $N = 100$　　(c) $N = 1000$

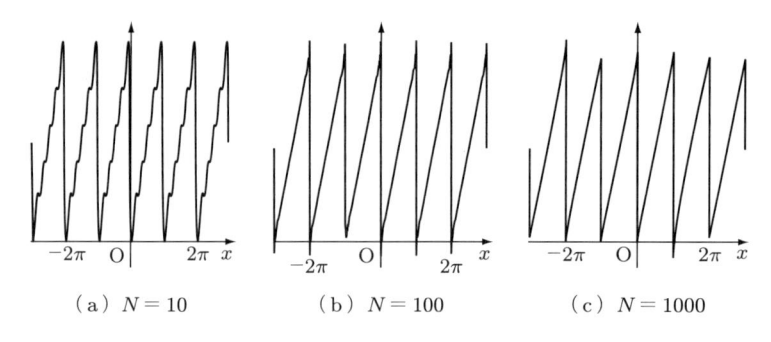

**図 1.12　変形鋸歯状波関数のフーリエ多項式**

例 3〜6 で，4 種類の関数とそのフーリエ級数を挙げたが，それぞれ対象とした関数は少しずつ性格が異なっている．一番大きな差は，例 3，4 の関数は連続で，例 5，6 の関数は不連続であるということである．この例でわかったことは，フーリエ級数は不連続関数も扱えるが，フーリエ多項式を使って近似しようとすると，高次のフーリエ多項式が必要になるということである．それについては，1.8 節で，もう少し詳しく扱うことにする．

**練習問題 16**　$k \in \mathbb{N}$ に対して，関数 $f_k(x)$ を，$x^k$ $(-\pi \leq x < \pi)$ を周期 $2\pi$ で周期関数に拡張したもののフーリエ級数を

$$f_k(x) = \frac{a_0(f_k)}{2} + \sum_{n=1}^{\infty} (a_n(f_k) \cos nx + b_n(f_k) \sin nx)$$

とするとき，次の問いに答えよ．
( 1 )　フーリエ係数 $a_0(f_k)$ を求めよ．
( 2 )　フーリエ係数 $a_n(f_k)$, $b_n(f_k)$ を $a_n(f_{k-1})$, $b_n(f_{k-1})$ で表せ．

**練習問題 17**　式 (1.47) で定義される $N$ 次フーリエ多項式の $0 \leq x \leq \pi$ の範囲のグラフを，$N = 10, 100, 1000$ に対して一つのグラフのなかに描け（Maple による方法は付録のチュートリアル参照）．🖥

**練習問題 18**　例 6 の関数，すなわち

$$f(x) = \begin{cases} x & (0 \leq x < \pi) \\ x - \pi & (\pi \leq x < 2\pi) \end{cases}$$

を周期 $2\pi$ で周期関数に拡張した関数のフーリエ級数を求めよ．

**練習問題 19** 練習問題 18 で得られたフーリエ級数に対する第 $N$ 次フーリエ多項式のグラフを，$N = 10,\ 100,\ 1000$ に対して描け．

## 1.6 一般の周期のフーリエ級数

以上の節では，扱う関数は周期 $2\pi$ であった．しかし，周期が $2\pi$ だけというのはいかにも不自然である．そこで本節では，$L$ を一般の正の実数として，周期が $2L$ の関数に対してのフーリエ級数を考える．

関数 $f(x)$ を周期 $2L$ の周期関数とする．すなわち
$$f(x + 2L) = f(x)$$
がすべての実数 $x$ について成立する．そこで
$$g(x) = f\left(\frac{L}{\pi}x\right)$$
とおく．すると
$$g(x + 2\pi) = f\left(\frac{L}{\pi}(x + 2\pi)\right) = f\left(\frac{L}{\pi}x + 2L\right) = f\left(\frac{L}{\pi}x\right) = g(x)$$
であるから，$g(x)$ は周期 $2\pi$ の周期関数である．したがって
$$\begin{aligned}
a_0 &= \frac{1}{\pi}\int_0^{2\pi} g(x)\,dx \\
a_n &= \frac{1}{\pi}\int_0^{2\pi} g(x)\cos nx\,dx \quad (n \in \mathbb{N}) \\
b_n &= \frac{1}{\pi}\int_0^{2\pi} g(x)\sin nx\,dx \quad (n \in \mathbb{N})
\end{aligned} \tag{1.48}$$
とおくと，$g(x)$ は
$$g(x) = \frac{a_0}{2} + \sum_{n=1}^{\infty}(a_n\cos nx + b_n\sin nx) \tag{1.49}$$
とフーリエ級数で表される．そこで，式 (1.48) で定義された $a_n$ を $f(x)$ で表すと
$$a_n = \frac{1}{\pi}\int_0^{2\pi} f\left(\frac{L}{\pi}x\right)\cos nx\,dx \tag{1.50}$$

である．式 (1.50) において変数変換 $y = \dfrac{L}{\pi}x$ をすると

$$dy = \frac{L}{\pi} dx$$

なので

$$\begin{aligned}
a_n &= \frac{1}{\pi}\frac{\pi}{L} \int_0^{2L} f(y) \cos\left(\frac{\pi}{L}ny\right) dy \\
&= \frac{1}{L} \int_0^{2L} f(y) \cos\left(\frac{\pi}{L}ny\right) dy
\end{aligned} \tag{1.51}$$

である．$a_0$，$b_n$ も同様で

$$\begin{aligned}
a_0 &= \frac{1}{L} \int_0^{2L} f(y)\, dy \\
b_n &= \frac{1}{L} \int_0^{2L} f(y) \sin\left(\frac{\pi}{L}ny\right) dy
\end{aligned} \tag{1.52}$$

が成立する．式 (1.49) を $f(x)$ で表すと

$$f\left(\frac{L}{\pi}x\right) = \frac{a_0}{2} + \sum_{n=1}^{\infty}(a_n \cos nx + b_n \sin nx)$$

となる．そこで $y = \dfrac{L}{\pi}x$ とおくと

$$f(y) = \frac{a_0}{2} + \sum_{n=1}^{\infty}\left(a_n \cos\left(\frac{\pi}{L}ny\right) + b_n \sin\left(\frac{\pi}{L}ny\right)\right)$$

である．したがって，上の式は変数が $y$ なので，両辺の $y$ を $x$ に変えることにより，次が証明される．

**定理 6** $L > 0$ に対して $f(x)$ を周期 $2L$ の周期関数とする．$a_0$, $a_n$, $b_n$ を式 (1.51), (1.52) で定義すると

$$f(x) = \frac{a_0}{2} + \sum_{n=1}^{\infty}\left(a_n \cos\left(\frac{\pi}{L}nx\right) + b_n \sin\left(\frac{\pi}{L}nx\right)\right) \tag{1.53}$$

が成立する．

▶**例 7** 関数 $f(x) = x\ (-2 \leq x \leq 2)$ を，周期 4 で周期関数に拡張したもののフーリエ級数を求めよう．関数 $f(x)$ は奇関数なので，すべての $n$ に対して $a_n = 0$ である．続いて $b_n$ を計算する．

$$b_n = \frac{1}{2}\int_{-2}^{2} x\sin\frac{n\pi}{2}x\,dx$$

$$= \frac{1}{2}\left[-\frac{2}{n\pi}x\cos\frac{n\pi}{2}x\right]_{-2}^{2} + \frac{1}{n\pi}\int_{-2}^{2}\cos\frac{n\pi}{2}x\,dx$$

$$= -\frac{2}{n\pi}\cos n\pi - \frac{2}{n\pi}\cos(-n\pi) + \frac{1}{n\pi}\left[\frac{2}{n\pi}\sin\frac{n\pi}{2}x\right]_{-2}^{2}$$

$$= \frac{4(-1)^{n+1}}{n\pi}$$

したがって，フーリエ級数は

$$f(x) = \frac{4}{\pi}\sum_{n=1}^{\infty}\frac{(-1)^{n+1}}{n}\sin\frac{n\pi}{2}x$$

である．

**練習問題 20** $|x|$ ($-1 \leq x \leq 1$) を周期 2 で周期関数に拡張した関数 $f(x)$ のフーリエ級数を求めよ．

**練習問題 21** $\dfrac{e^x - e^{-x}}{2}$ ($-1 \leq x \leq 1$) を周期 2 で周期関数に拡張した関数 $g(x)$ のフーリエ級数を求めよ．

**練習問題 22** $1 - x^2$ ($-1 \leq x \leq 1$) を周期 2 で周期関数に拡張した関数 $h(x)$ のフーリエ級数を求めよ．

**練習問題 23** フーリエ係数を計算した際に，それが正しいかどうか確かめるために，もとの関数とフーリエ多項式のグラフを同じ座標に描いて，ずれがどの程度あるか調べる方法がある．その方法で，練習問題 20〜22 で求めたフーリエ級数が正しいことを確かめよ．

## 1.7 複素フーリエ級数

指数関数 $e^{inx}$ について次が成立する．オイラーの公式から，$e^{2\pi i n} = 1$ より

$$e^{in(x+2\pi)} = e^{inx}e^{2\pi in} = e^{inx}$$

であるので，$e^{inx}$ は周期 $2\pi$ の周期関数である．よって

$$f(x) = \sum_{n=-\infty}^{\infty} c_n e^{inx} \tag{1.54}$$

は複素数値の周期 $2\pi$ の周期関数である．オイラーの公式より，次が成立する．

$$\begin{aligned}
f(x) &= \sum_{n=-\infty}^{-1} c_n e^{inx} + c_0 + \sum_{n=1}^{\infty} c_n e^{inx} \\
&= \sum_{n=1}^{\infty} c_{-n} e^{-inx} + c_0 + \sum_{n=1}^{\infty} c_n e^{inx} \\
&= c_0 + \sum_{n=1}^{\infty} c_{-n}(\cos nx - i\sin nx) + \sum_{n=1}^{\infty} c_n(\cos nx + i\sin nx) \\
&= c_0 + \sum_{n=1}^{\infty} ((c_{-n} + c_n)\cos nx + i(c_n - c_{-n})\sin nx)
\end{aligned}$$

そこで

$$a_0 = 2c_0, \quad a_n = c_{-n} + c_n, \quad b_n = i(c_n - c_{-n}) \tag{1.55}$$

とおく．式 (1.55) より，$n \in \mathbb{N}$ に対して

$$\begin{cases} c_n + c_{-n} = a_n \\ c_n - c_{-n} = -ib_n \end{cases} \tag{1.56}$$

が成立する．この式 (1.56) を連立方程式と考えて解くと

$$c_n = \frac{1}{2}(a_n - ib_n), \quad c_{-n} = \frac{1}{2}(a_n + ib_n) \tag{1.57}$$

が従う．フーリエ係数の公式 (1.14)，(1.15) より，$n \in \mathbb{N}$ に対して

$$\begin{aligned}
a_0 &= \frac{1}{\pi}\int_0^{2\pi} f(x)\,dx, \quad a_n = \frac{1}{\pi}\int_0^{2\pi} f(x)\cos nx\,dx \\
b_n &= \frac{1}{\pi}\int_0^{2\pi} f(x)\sin nx\,dx
\end{aligned} \tag{1.58}$$

が成立する．

式 (1.57)，(1.58) およびオイラーの公式より

$$\begin{aligned}
c_n &= \frac{1}{2\pi}\left(\int_0^{2\pi} f(x)\cos nx\,dx - i\int_0^{2\pi} f(x)\sin nx\,dx\right) \\
&= \frac{1}{2\pi}\int_0^{2\pi} f(x)(\cos nx - i\sin nx)\,dx \\
&= \frac{1}{2\pi}\int_0^{2\pi} f(x)e^{-inx}\,dx
\end{aligned}$$

がわかる．したがって，次が証明できる．

**定理 7（複素フーリエ級数）** $f(x)$ を周期 $2\pi$ の複素数値周期関数とする．

$$c_n = \frac{1}{2\pi}\int_0^{2\pi} f(x)e^{-inx}\,dx \quad (n\in\mathbb{Z})$$

とおくと

$$f(x) = \sum_{n=-\infty}^{\infty} c_n e^{inx}$$

が成立する．この $c_n$ を複素フーリエ係数という．

明らかに，$f(x)$ が実数値であることの必要十分条件は $a_0$, $a_n$, $b_n$ $(n\in\mathbb{N})$ がすべて実数であることである．したがって，式 (1.57) より

$$c_{-n} = \overline{c_n}$$

がわかる．

▶**例 8** 関数 $f(x) = e^{-x}$ $(-\pi \leq x \leq \pi)$ を，周期 $2\pi$ の周期関数に拡張した関数の複素フーリエ級数を求めよう．

$$\begin{aligned}c_n &= \frac{1}{2\pi}\int_{-\pi}^{\pi} e^{-x}e^{-inx}\,dx = \frac{1}{2\pi}\int_{-\pi}^{\pi} e^{-(1+in)x}\,dx \\ &= \frac{1}{2\pi}\left[-\frac{1}{1+in}e^{-(1+in)x}\right]_{-\pi}^{\pi} = -\frac{1}{2\pi(1+in)}(e^{-\pi}e^{-in\pi} - e^{\pi}e^{in\pi})\end{aligned}$$

オイラーの公式より，

$$e^{\pm in\pi} = \cos n\pi \pm i\sin n\pi = \cos n\pi = (-1)^n$$

がわかる．したがって

$$c_n = \frac{(-1)^n}{2\pi(1+in)}(e^{\pi} - e^{-\pi})$$

である．ゆえに，$f(x)$ の複素フーリエ級数は，

$$f(x) = \frac{e^{\pi} - e^{-\pi}}{2\pi}\sum_{n=-\infty}^{\infty}\frac{(-1)^n}{1+in}e^{inx}$$

である．

**練習問題 24** $n \in \mathbb{Z}$ に対して $e^{in\pi}$ を求めよ．

**練習問題 25** $\dfrac{e^x + e^{-x}}{2}$ $(-\pi \leq x \leq \pi)$ を周期 $2\pi$ で周期関数に拡張した関数 $f(x)$ の，複素フーリエ係数を求めよ．

## 1.8 不連続関数とフーリエ級数

1.5 節「フーリエ係数の計算例」において，不連続関数のフーリエ級数は注意を要することを，実例を通じて述べた．本節では，詳しい証明は省略するが，与えられた関数がフーリエ級数展開される十分条件を説明する．

まず，微分積分学で学習した右極限と左極限を思い出そう．

$$f(a+0) = \lim_{h \to +0} f(a+h)$$

が存在するとき，$f(a+0)$ を **右極限** という．ここに，$h \to +0$ とは

$$h > 0 \text{ で } h \to 0$$

を表す．同様に

$$f(a-0) = \lim_{h \to -0} f(a+h)$$

を **左極限** という．

---

**定義 4（第一種の不連続点，区分的連続）** $f(x)$ は点 $x = a$ を含む区間で定義されていて，右極限 $f(a+0)$，左極限 $f(a-0)$ が存在し

$$f(a+0) \neq f(a-0)$$

であるとき，$x = a$ は **第一種の不連続点** という．$f(a+0)$, $f(a-0)$ のどちらかが存在しないとき，**第二種の不連続点** という．また，定義区間内の有限個の第一種の不連続点を除いて連続のとき，**区分的に連続** であるという．さらに，$f(x)$ が区分的に連続で有限個の点を除いて微分可能で，導関数 $f'(x)$ も区分的に連続であるとき，**区分的になめらか** であるという．

---

▶**例 9** 矩形波関数，変形鋸歯状波関数は，区分的になめらかである．

**定義 5（ディリクレ条件）** 関数 $f(x)$ がディリクレ条件を満たすとは，次の 2 条件を満たすことである．
1. 周期関数である．
2. 区分的になめらかである．

次の定理はフーリエ解析の基本定理の一つであるが，本書の程度を超えるので証明は省略する．

**定理 8（ジョルダン - ルベーグの定理）** 関数 $f(x)$ がディリクレ条件を満たすならば，$f(x)$ はフーリエ級数展開可能で
$$\frac{1}{2}(f(x+0) + f(x-0)) = \frac{a_0}{2} + \sum_{n=1}^{\infty}(a_n \cos nx + b_n \sin nx)$$
が成立する．

▷**例 10（興味深い公式への応用 1）** フーリエ級数は，次のような，一見不思議な公式の証明にも使われる．

■**命題 5** 等式
$$\sum_{m=1}^{\infty} \frac{1}{(2m-1)^2} = \frac{\pi^2}{8} \tag{1.59}$$
が成立する．

**証明** 式 (1.26) で定義された鋸歯状波関数 $f(x)$ のフーリエ級数 (1.31) は，次のように書き換えられる．
$$\begin{aligned} f(x) &= \frac{\pi}{2} + \frac{2}{\pi} \sum_{n=1}^{\infty} \frac{(-1)^{n+1} + 1}{n^2} \cos nx \\ &= \frac{\pi}{2} + \frac{4}{\pi} \sum_{m=1}^{\infty} \frac{1}{(2m-1)^2} \cos(2m-1)x \end{aligned} \tag{1.60}$$

鋸歯状波関数 $f(x)$ は
$$f'(x) = \begin{cases} 1 & (-\pi \leq x < 0) \\ -1 & (0 \leq x < \pi) \end{cases}$$

であるから，明らかにディリクレ条件を満たす．したがって，ジョルダン–ルベーグの定理と公式 (1.25) より，次がわかる．

$$\frac{1}{2}(f(\pi+0)+f(\pi-0)) = \frac{\pi}{2} + \frac{4}{\pi}\sum_{m=1}^{\infty}\frac{1}{(2m-1)^2}\cos(2m-1)\pi$$

$$= \frac{\pi}{2} + \frac{4}{\pi}\sum_{m=1}^{\infty}\frac{1}{(2m-1)^2}(-1)^{2m-1}$$

$$= \frac{\pi}{2} - \frac{4}{\pi}\sum_{m=1}^{\infty}\frac{1}{(2m-1)^2}$$

また，明らかに

$$f(\pi+0) = f(\pi-0) = 0$$

であるから

$$\frac{\pi}{2} - \frac{4}{\pi}\sum_{m=1}^{\infty}\frac{1}{(2m-1)^2} = 0$$

が従うので，式 (1.59) が示された． □

▶**例 11（興味深い公式への応用 2）** もう一つ，興味深い等式を証明しよう．

■**命題 6** 等式

$$\sum_{n=1}^{\infty}\frac{1}{n^2} = \frac{\pi^2}{6} \tag{1.61}$$

が成立する．

**証明の概略** 関数

$$f(x) = x^2 \quad (-\pi \leq x < \pi) \tag{1.62}$$

を周期 $2\pi$ で周期関数に拡張した関数を，再び $f(x)$ で表し，連なり 2 次関数とよぶ．すなわち，$f(x)$ は図 1.13 で表される関数である．

この関数のフーリエ級数展開の細かい計算は，練習問題として残す．結果は次のようになる．

$$\begin{aligned} & a_0 = \frac{2}{3}\pi^2, \quad a_n = \frac{4(-1)^n}{n^2} \quad (n \in \mathbb{N}) \\ & b_n = 0 \end{aligned} \tag{1.63}$$

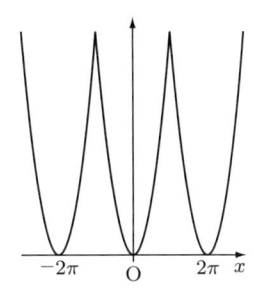

図 1.13　連なり 2 次関数

この式 (1.63) より

$$f(x) = \frac{\pi^2}{3} + 4\sum_{n=1}^{\infty} \frac{(-1)^n}{n^2} \cos nx \tag{1.64}$$

である．フーリエ多項式を

$$f_N(x) = \frac{\pi^2}{3} + 4\sum_{n=1}^{N} \frac{(-1)^n}{n^2} \cos nx$$

で定義し，$f_{10}(x)$，$f_{100}(x)$，$f_{1000}(x)$ のグラフを描くと，それぞれ図 1.14（a）〜（c）のようになる．$N=10$ で尖端部分が少しまるまっていること以外は，もとの関数のグラフの図 1.13 と非常に似ている．

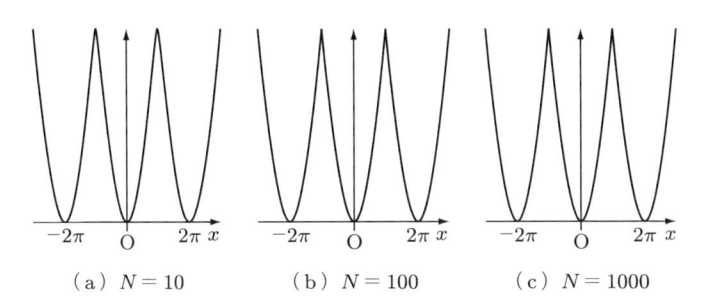

（a）$N=10$　　（b）$N=100$　　（c）$N=1000$

図 1.14　連なり 2 次関数のフーリエ多項式

さて，$f(x)$ は明らかにディリクレ条件を満たしているので，ジョルダン-ルベーグの定理と公式 (1.25) より次がわかる．

$$\frac{1}{2}(f(\pi+0) + f(\pi-0)) = \frac{1}{3}\pi^2 + 4\sum_{n=1}^{\infty} \frac{(-1)^n}{n^2} \cos n\pi$$
$$= \frac{1}{3}\pi^2 + 4\sum_{n=1}^{\infty} \frac{1}{n^2}$$

さらに，明らかに

$$f(\pi+0) = f(\pi-0) = \pi^2$$

なので

$$\frac{\pi^2}{3} + 4\sum_{n=1}^{\infty}\frac{1}{n^2} = \pi^2$$

が成立する．すなわち式 (1.61) が示された． □

等式 (1.59)，(1.61) を**数学で最も美しい公式**とよぶ人もいる．同じように，簡単に定義される鋸歯状波関数や変形鋸歯状波関数のような関数をフーリエ級数展開し，変数 $x$ を特別な値にすることにより，興味深い無数の公式が発見されている．

ところで，例 10, 11 でそれぞれみた関数 (1.60)，(1.62) は，ディリクレ条件を満たすといったが，実はいたるところで連続である．不連続，すなわち $f(a+0) \neq f(a-0)$ となる点で，ジョルダン－ルベーグの定理が成り立っているかどうかを，ほかの実例でみてみよう．

▶**例 12** 例 6 で解説した変形鋸歯状波関数のフーリエ級数展開 (1.46)

$$f(x) = \frac{\pi}{2} + \sum_{n=1}^{\infty}\frac{(-1)^{n+1}-1}{n}\sin nx$$

より，明らかに

$$f(0) = \frac{\pi}{2}$$

である．一方，変形鋸歯状波関数の定義 (1.44) より，または図 1.11 をみれば一目瞭然だが，$x$ を原点の左から 0 に近づけると $\pi$ に近づき，原点の右から近づけると 0 に近づく．すなわち

$$f(+0) = 0, \quad f(-0) = \pi$$

である．したがって

$$\frac{1}{2}(f(+0)+f(-0)) = \frac{\pi}{2}$$

であるから，ジョルダン－ルベーグの定理は成立している．

次に，フーリエ級数と不連続関数の問題として欠かせないのが**ギッブス現象**である．図 1.15 は，1.5 節の例 5 で扱った矩形波関数 (1.38) のフーリエ多項式 (1.43)

$$f_N(x) = \frac{1}{2} + \frac{1}{\pi}\sum_{n=1}^{N}\frac{(-1)^{n+1}+1}{n}\sin nx$$

において，$N=5$，$N=10$，$N=100$ としたものである．フーリエ多項式 $f_N(x)$ において項数 $N$ を大きくすると，近似の精度はよくなると考えるのが自然である．しかし，図1.15をみてみると，$N$ を大きくするに従って，$y=1$ という「真の値」に対して，不連続点 $x=0$ の近傍では，「振れる $x$ の範囲＝誤差の広がり」は狭くなって $x=0$ のほうに振動は集まってくるが，「振れ幅＝誤差量」は一定であるのがよくわかる．本書の目指す「信号処理」では，無限を扱う解析学と異なり，有限しか扱えない．したがって，このギッブス現象をいかに避けるかは非常に重大な問題である．しかし，本書はあくまでもそのような問題の基礎を扱うので，具体的な処理方法は専門書にゆずり，ギッブス現象の存在を注意するにとどめる．

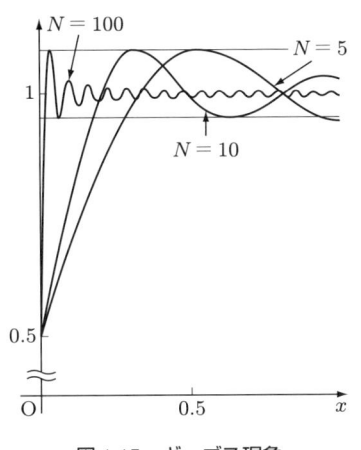

図1.15　ギッブス現象

　本節では，フーリエ解析において不連続関数を扱う際に注意すべき点を中心に解説した．しかし，これらは非常に高度な問題と関連している．たとえば，例10，11で扱った公式たちは，「整数論」あるいは数学で最も難しい問題とされているリーマン予想とも深く関連している．そして，ギッブス現象は信号処理のみならず，数学の解析学でも現れる困難だが，逆にそれを克服するために，さまざまな総和法や，近年急激に発展しているウェーブレット解析が考案される原動力になったのである．このように，不連続性とフーリエ級数の関連は，実は，非常に重要なものであることを注意して本節を終わる．

**練習問題 26** 2次関数 $f(x) = x^2$ $(-\pi \leq x < \pi)$ を，周期 $2\pi$ の周期関数に拡張した連なり 2 次関数（それを再び $f(x)$ で表す）のフーリエ級数を求めよ．

**練習問題 27** $f(x) = x$ $(-\pi \leq x \leq \pi)$ を，周期 $2\pi$ の周期関数に拡張した関数のフーリエ級数を求めよ．

**練習問題 28** 練習問題 27 の $f(x)$ の $N$ 次フーリエ多項式 $f(x, N)$ を，$N = 100, 1000, 10000$ に対して $3.1 \leq x \leq 3.3$ の範囲で描き，$x = \pm \pi$ の近傍で起こるギブス現象をよく観察せよ（Maple などを用いない場合も，上記の図 1.15 以外のギブス現象として解答のグラフを参照すること）．

## 1.9 最良近似とベッセルの不等式

フーリエ多項式のように，有限個の三角関数を項とする関数を**三角多項式**とよぶ．すなわち，三角多項式をあらためて定義すると次のようになる．

> **定義 6（三角多項式）** $N \in \mathbb{N}$ とする．定数 $c_0, c_1, \ldots, c_N$ および $d_1, d_2, \ldots, d_N$ に対して
> $$T_N(x; c_0, c_1, \ldots, c_N; d_1, \ldots, d_N) = \frac{c_0}{2} + \sum_{n=1}^{N}(c_n \cos nx + d_n \sin nx) \quad (1.65)$$
> を三角多項式という．省略して $T_N(x, c, d)$ や $T_N(x)$ と書くことが多い．

上にも述べたように，周期関数のフーリエ多項式は三角多項式である．

$f(x)$ を周期 $2\pi$ の周期関数，$N \in \mathbb{N}$ とする．そのとき，**評価関数**

$$E(f - T_N)(c_0, c_1, \ldots, c_N; d_1, \ldots, d_N)$$
$$= \int_0^{2\pi} (f(x) - T_N(x; c_0, c_1, \ldots, c_N; d_1, \ldots, d_N))^2 \, dx \quad (1.66)$$

を最小とする定数 $c_0, c_1, \ldots, c_N, d_1, \ldots, d_N$ を決定する問題を，**最良近似問題**という．

評価関数 $E(f - T_N)(c_0, c_1, \ldots, c_N; d_1, \ldots, d_N)$ を最小にするということは，与えられた関数 $f(x)$ に対して $T_N(x; c; d)$ を用いて近似する際，各点 $x$ における誤差ではなく，1 周期分の区間 $0 \leq x \leq 2\pi$ 全体で平均した "平均二乗誤差" を小さくすることである．なお，評価関数は $E(f - T_N)(c; d)$ や $E(f - T_N)$ と略記することも多い．

評価関数 (1.66) を計算する．

$$E(f - T_N)(c; d)$$
$$= \int_0^{2\pi} f(x)^2\,dx - 2\int_0^{2\pi} f(x) T_N(x; c; d)\,dx + \int_0^{2\pi} T_N(x; c; d)^2\,dx \qquad (1.67)$$

この式の各項をさらに詳しく計算する．その際，$f(x)$ のフーリエ係数

$$a_0 = \frac{1}{\pi}\int_0^{2\pi} f(x)\,dx, \quad a_n = \frac{1}{\pi}\int_0^{2\pi} f(x)\cos nx\,dx$$
$$b_n = \frac{1}{\pi}\int_0^{2\pi} f(x)\sin nx\,dx \qquad (1.68)$$

を用いる．次の手順で計算する．

1. 式 (1.67) の右辺第 1 項は $c_0, c_1, \ldots, c_N, d_1, \ldots, d_N$ には依存しない定数である．
2. 第 2 項を計算する．式 (1.68) に注意すると次を得る．

$$\text{式 (1.67) の右辺第 2 項} = -2\int_0^{2\pi} f(x) T_N(x; c; d)\,dx$$
$$= -2\int_0^{2\pi} f(x)\left\{\frac{c_0}{2} + \sum_{n=1}^N (c_n \cos nx + d_n \sin nx)\right\}dx$$
$$= -c_0 \int_0^{2\pi} f(x)\,dx$$
$$\quad - 2\sum_{n=1}^N \left(c_n \int_0^{2\pi} f(x)\cos nx\,dx + d_n \int_0^{2\pi} f(x)\sin nx\,dx\right)$$
$$= -2\pi\left\{\frac{a_0 c_0}{2} + \sum_{n=1}^N (a_n c_n + b_n d_n)\right\} \qquad (1.69)$$

3. 第 3 項を計算する．その際，命題 3 で示した公式群 (1.7)〜(1.9) を用いる．念のためにあらためて書いておくと，次の公式群である．

$$\int_0^{2\pi} \cos mx \sin nx\,dx = 0$$
$$\int_0^{2\pi} \cos mx \cos nx\,dx = \pi\delta_{mn} \qquad (1.70)$$
$$\int_0^{2\pi} \sin mx \sin nx\,dx = \pi\delta_{mn}$$

ここで，$\delta_{mn}$ はクロネッカーの記号とよばれるもので，次で定義される．

$$\delta_{mn} = \begin{cases} 1 & (m = n) \\ 0 & (m \neq n) \end{cases}$$

また，明らかな関係式
$$\int_0^{2\pi} \cos nx \, dx = \int_0^{2\pi} \sin nx \, dx = 0 \tag{1.71}$$
にも注意しよう．
$$\int_0^{2\pi} T_N(x;c;d)^2 \, dx$$
$$= \int_0^{2\pi} \left( \frac{c_0}{2} + \sum_{n=1}^{N} (c_n \cos nx + d_n \sin nx) \right)^2 dx \tag{1.72}$$

この右辺の積分記号内を平方公式で展開し，式 (1.70), (1.71) を使うと，次がわかる．
$$式 (1.72) の右辺 = \pi \left\{ \frac{c_0^2}{2} + \sum_{n=1}^{N} (c_n^2 + d_n^2) \right\} \tag{1.73}$$

式 (1.67), (1.69), (1.73) を合わせると次がわかる．

$E(f - T_N)(c;d)$
$$= \int_0^{2\pi} f(x)^2 \, dx$$
$$- 2\pi \left\{ \frac{a_0 c_0}{2} + \sum_{n=1}^{N} (a_n c_n + b_n d_n) \right\} + \pi \left\{ \frac{c_0^2}{2} + \sum_{n=1}^{N} (c_n^2 + d_n^2) \right\} \tag{1.74}$$

この式の右辺を書き換えよう．次の関係式に注意しよう．
$$-2\alpha\beta + \beta^2 = (\alpha - \beta)^2 - \alpha^2$$
すると
$$-2a_n c_n + c_n^2 = (a_n - c_n)^2 - a_n^2, \quad -2b_n d_n + d_n^2 = (b_n - d_n)^2 - b_n^2$$
である．したがって，このことを使って式 (1.74) の最後の 2 項を書き直すと
$$-2\pi \left\{ \frac{a_0 c_0}{2} + \sum_{n=1}^{N} (a_n c_n + b_n d_n) \right\} + \pi \left\{ \frac{c_0^2}{2} + \sum_{n=1}^{N} (c_n^2 + d_n^2) \right\}$$
$$= -\pi \left\{ \frac{a_0^2}{2} + \sum_{n=1}^{N} (a_n^2 + b_n^2) \right\}$$
$$+ \pi \left\{ \frac{(a_0 - c_0)^2}{2} + \sum_{n=1}^{N} ((a_n - c_n)^2 + (b_n - d_n)^2) \right\}$$

となる．したがって，少し複雑な式になるが，評価関数 $E(f - T_N)(c; d)$ は，次のように表すことができる．

$$E(f - T_N)(c; d)$$
$$= \int_0^{2\pi} f(x)^2 \, dx - \pi \left\{ \frac{a_0^2}{2} + \sum_{n=1}^N (a_n^2 + b_n^2) \right\}$$
$$+ \pi \left\{ \frac{(a_0 - c_0)^2}{2} + \sum_{n=1}^N ((a_n - c_n)^2 + (b_n - d_n)^2) \right\} \quad (1.75)$$

この最後の式 (1.75) をみてみよう．まず

$$\int_0^{2\pi} f(x)^2 \, dx - \pi \left\{ \frac{a_0^2}{2} + \sum_{n=1}^N (a_n^2 + b_n^2) \right\} = 定数$$

に注意しよう．そして

$$\pi \left\{ \frac{(a_0 - c_0)^2}{2} + \sum_{n=1}^N ((a_n - c_n)^2 + (b_n - d_n)^2) \right\} \geq 0 \quad (1.76)$$

である．そして，不等式 (1.76) において等号が成立するのは，次の場合である．

$$\begin{aligned} a_0 &= c_0, \quad a_n = c_n \quad (n \in \mathbb{N}) \\ b_n &= d_n \quad (n \in \mathbb{N}) \end{aligned} \quad (1.77)$$

すなわち，評価関数 $E(f - T_N)(c; d)$ が最小になるのは式 (1.77) が成立するときである．そのような意味で，$N$ 次フーリエ多項式

$$f_N(x) = \frac{a_0}{2} + \sum_{n=1}^N (a_n \cos nx + b_n \sin nx)$$

を**最良近似三角多項式**という．

以上を定理としてまとめておく．

**定理 9（フーリエ係数の最終性）** $f(x)$ を周期 $2\pi$ の周期関数とする．そのとき，式 (1.65) で定義される三角多項式 $T_N(x; c; d)$ に対して評価関数

$$E(f - T_N)(c; d) = \int_0^{2\pi} (f(x) - T_N(x; c; d))^2 \, dx$$

を最小にする $c_0, c_1, \ldots, c_N, d_1, \ldots, d_N$ は，$a_0, a_1, \ldots, a_N, \ldots, b_1, \ldots, b_N, \ldots$ を

式 (1.68) で定義される $f(x)$ のフーリエ係数とすると，式 (1.77) で与えられる．このことを**フーリエ係数の最終性**ということもある．

本節の最後に，フーリエ解析でしばしば用いられる，**ベッセルの不等式**と**パーセバルの等式**について，概略を説明する．

式 (1.75) において，三角多項式 $T_N(c;d)$ の係数 $c_0, c_1, \ldots, c_N, d_1, \ldots, d_N$ をフーリエ係数にして最良近似多項式にすると，最後の項がなくなる．すると

$$E(f - T_N) = \int_0^{2\pi} f(x)^2 \, dx - \pi \left\{ \frac{a_0^2}{2} + \sum_{n=1}^{N} (a_n^2 + b_n^2) \right\}$$

が任意の $N \in \mathbb{N}$ に対して成立する．したがって，$N \to \infty$ としても成立する．そして明らかに $E(f - T_N)(c;d) \geq 0$ である．したがって，次が証明できた．

**定理 10（ベッセルの不等式）** $f(x)$ を周期 $2\pi$ の周期関数とし，$a_n \ (n \in \mathbb{Z}_+)$，$b_n \ (n \in \mathbb{N})$ をフーリエ係数とすると，ベッセルの不等式

$$\int_0^{2\pi} f(x)^2 \, dx \geq \pi \left\{ \frac{a_0^2}{2} + \sum_{n=1}^{\infty} (a_n^2 + b_n^2) \right\} \tag{1.78}$$

が成立する．

本書のレベルを超えるので証明は省略するが，さらに $f(x)$ が区分的になめらかならば，等式が成立することが知られている．

**定理 11（フーリエ級数に対するパーセバルの等式）** $f(x)$ が周期 $2\pi$ の周期関数で区分的になめらかならば，パーセバルの等式

$$\int_0^{2\pi} f(x)^2 \, dx = \pi \left\{ \frac{a_0^2}{2} + \sum_{n=1}^{\infty} (a_n^2 + b_n^2) \right\}$$

が成立する．

**練習問題 29** $f(x) = x^2 \ (-\pi \leq x \leq \pi)$ を周期 $2\pi$ で周期関数に拡張したもののフーリエ級数展開に関して，詳しい計算は練習問題 8 とその解答において，また結果は式 (1.64) において，それぞれ与えられている．そこで，その結果にパーセバルの等式を適用して，級数の総和

$$S = \sum_{n=1}^{\infty} \frac{1}{n^4}$$

の公式を導け．また，Maple を用いている場合は，その極限操作機能で $S$ を求めよ．

## 1.10　フーリエ余弦展開とフーリエ正弦展開

信号処理などでしばしば用いられる，フーリエ余弦展開やフーリエ正弦展開について解説する．

1.1 節の定理 2 の 2 において，$L > 0$ に対して，$f(x)$ が周期 $2L$ の奇関数ならば

$$\int_0^{2L} f(x)\,dx = 0 \tag{1.79}$$

であり，偶関数ならば

$$\int_0^{2L} f(x)\,dx = 2\int_0^{L} f(x)\,dx \tag{1.80}$$

であることを示した．この簡単な事実を利用して，フーリエ余弦展開やフーリエ正弦展開を考える．記述を簡単にするために，以下では，$L = \pi$ の場合，すなわち周期が $2\pi$ の場合を考える．

**フーリエ余弦展開**

関数 $f(x)$ は，区間 $[0, \pi]$ で定義された区分的に連続な関数とする（注．区間 $[0, \pi]$ であって $[0, 2\pi]$ ではない！）．たとえば，図 1.16 ( a ) のような関数である．それを次のような手続きで，周期 $2\pi$ の周期関数 $f_{\text{ep}}(x)$ に拡張する．

1. 区間 $[-\pi, \pi]$ で定義された関数 $f_{\text{e}}(x)$ を次で定義する．すなわち，偶関数として拡張する（図 1.16 ( b ) 参照．添え字の e は，偶 (even) を表す）．

$$f_{\text{e}}(x) = \begin{cases} f(x) & (0 \leq x \leq \pi) \\ f(-x) & (-\pi \leq x \leq 0) \end{cases} \tag{1.81}$$

2. 区間 $[-\pi, \pi]$ で定義された区分的に連続な関数 $f_{\text{e}}(x)$ を，周期 $2\pi$ で実軸全体に周期的に拡張する．それを $f_{\text{ep}}(x)$ で表す（図 1.16 ( c ) 参照．添え字の ep は，偶で周期的 (even-periodic) を表す）．

関数 $f_{\text{ep}}(x)$ は周期 $2\pi$ の周期関数で偶関数である．すると

$$b_n(f_{\text{ep}}) = \frac{1}{\pi}\int_0^{2\pi} f_{\text{ep}}(x)\sin nx\,dx$$

であるが，$f_{\text{ep}}(x)\sin nx$ は奇関数なので，式 (1.79) より

$$b_n(f_{\text{ep}}) = 0$$

(a) $[0, \pi]$ の関数 $f(x)$

(b) $[-\pi, \pi]$ の偶関数で拡張した $f_\mathrm{e}(x)$

(c) 周期的に拡張した $f_\mathrm{ep}(x)$

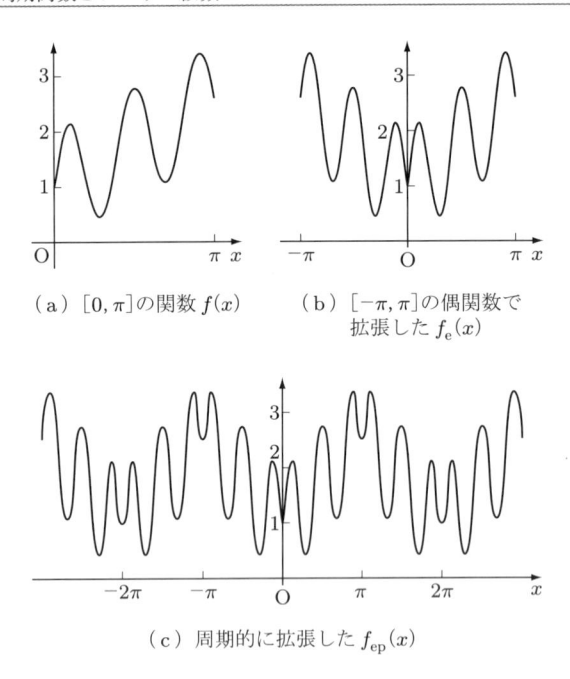

**図 1.16** フーリエ余弦展開の手順

である．フーリエ係数 $a_n(f_\mathrm{ep})$ に関しては，$f_\mathrm{ep}(x) \cos nx$ が偶関数なので，式 (1.80) と，$0 \leq x \leq \pi$ ならば $f_\mathrm{ep}(x) = f(x)$ であることに注意すると，次がわかる．

$$a_n(f_\mathrm{ep}) = \frac{1}{\pi} \int_0^{2\pi} f_\mathrm{ep}(x) \cos nx \, dx = \frac{2}{\pi} \int_0^{\pi} f(x) \cos nx \, dx$$

そこで

$$a_n = \frac{2}{\pi} \int_0^{\pi} f(x) \cos nx \, dx \quad (n \in \mathbb{Z}_+)$$

に対して

$$f_\mathrm{ep}(x) = \frac{a_0}{2} + \sum_{n=1}^{\infty} a_n \cos nx \tag{1.82}$$

を**フーリエ余弦級数**という．フーリエ余弦級数は，$[0, \pi]$ ではもとの関数 $f(x)$ と一致する．

### フーリエ正弦展開

フーリエ余弦展開と同様に，関数 $f(x)$ は区間 $[0, \pi]$ で定義された区分的に連続な関数とする．それを次のような手続きで，周期的な奇関数 $f_\mathrm{op}(x)$ に拡張する．

1. 区間 $[-\pi, \pi]$ で定義された関数 $f_\mathrm{o}(x)$ を次で定義する．すなわち，奇関数として拡張する（図 1.17 ( b ) 参照．添え字の o は，奇 (odd) を表す）．

$$f_\mathrm{o}(x) = \begin{cases} f(x) & (0 \leq x \leq \pi) \\ -f(-x) & (-\pi \leq x \leq 0) \end{cases} \tag{1.83}$$

2. 区間 $[-\pi, \pi]$ で定義された区分的に連続な関数 $f_\mathrm{o}(x)$ を，周期 $2\pi$ で実軸全体に周期的に拡張する．それを $f_\mathrm{op}(x)$ で表す（図 1.17 ( c ) 参照．添え字の op は，奇で周期的 (odd-periodic) を表す）．

（a）$[0, \pi]$ の関数 $f(x)$
（b）$[-\pi, \pi]$ の奇関数で拡張した $f_\mathrm{o}(x)$

（c）周期的に拡張した $f_\mathrm{op}(x)$

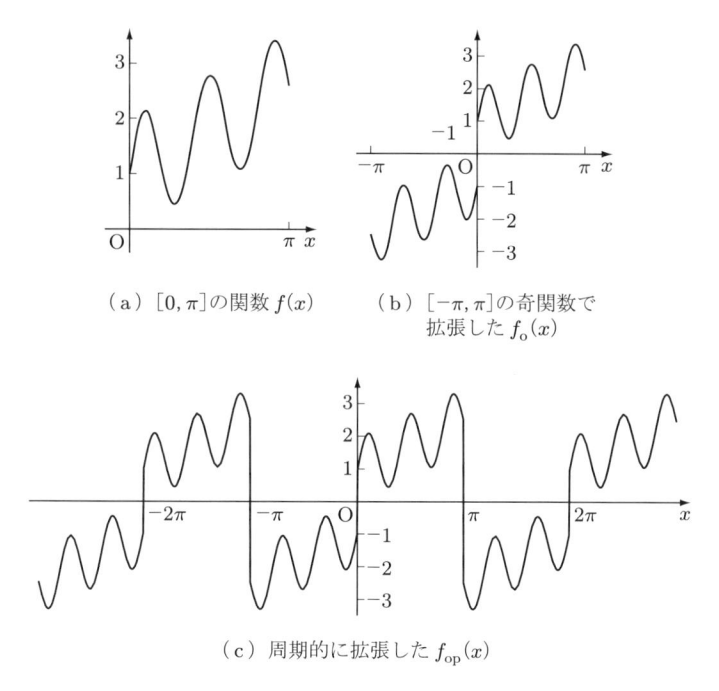

図 1.17　フーリエ正弦展開の手順

関数 $f_\mathrm{op}(x)$ は周期 $2\pi$ の周期関数で奇関数である．すると

$$a_n(f_\mathrm{op}) = \frac{1}{\pi} \int_0^{2\pi} f_\mathrm{op}(x) \cos nx \, dx$$

であるが，$f_\mathrm{op}(x) \cos nx$ は奇関数なので，上の式 (1.79) より

$$a_n(f_\mathrm{op}) = 0$$

である．フーリエ係数 $b_n(f_\mathrm{op})$ に関しては，$f_\mathrm{op}(x) \sin nx$ が偶関数なので，式 (1.80) と，$0 \leq x \leq \pi$ ならば $f_\mathrm{op}(x) = f(x)$ であることに注意すると，次がわかる．

$$b_n(f_{\mathrm{op}}) = \frac{1}{\pi}\int_0^{2\pi} f_{\mathrm{op}}(x)\sin nx\,dx = \frac{2}{\pi}\int_0^{\pi} f(x)\sin nx\,dx$$

そこで

$$b_n = \frac{2}{\pi}\int_0^{\pi} f(x)\sin nx\,dx \quad (n\in\mathbb{N})$$

に対して

$$f_{\mathrm{op}}(x) = \sum_{n=1}^{\infty} b_n \sin nx \tag{1.84}$$

を**フーリエ正弦級数**という．フーリエ正弦級数は，$[0,\pi]$ ではもとの関数 $f(x)$ と一致する．

　フーリエ余弦展開とフーリエ正弦展開は，上にみるようにほぼパラレルな話なので，本質的な違いはなさそうにみえる．しかし，もとの関数 $f(x)$ が連続ならば偶関数として拡張した関数 $f_{\mathrm{e}}(x)$ も連続である．さらに，それを周期的に拡張した関数も連続である．それに対して，奇関数で拡張した関数 $f_{\mathrm{o}}(x)$ は一般に不連続である．すると，それを周期的に拡張した関数のフーリエ多項式にはギッブス現象が現れ，もとの関数を近似するにも多くの項を要する．したがって，信号処理ではフーリエ余弦展開のほうが効果的な手法である．事実，画像圧縮の基本的技術である JPEG では，画像信号をフーリエ余弦展開した信号を扱う．

▶**例13** 関数 $f(x) = x \ (0\le x\le 2\pi)$ のフーリエ余弦級数，および，フーリエ正弦級数を求めよう．

　**フーリエ余弦級数**　フーリエ余弦級数の定義より，

$$a_n = \frac{2}{\pi}\int_0^{\pi} x\cos nx\,dx$$

である．

$$a_0 = \frac{2}{\pi}\int_0^{\pi} x\,dx = \frac{2}{\pi}\left[\frac{1}{2}x^2\right]_0^{\pi} = \pi$$

$n \ne 0$ に対しては，次のように計算する．

$$a_n = \frac{2}{\pi}\left[\frac{1}{n}x\sin nx\right]_0^{\pi} - \frac{2}{n\pi}\int_0^{\pi}\sin nx\,dx$$
$$= -\frac{2}{n\pi}\left[-\frac{1}{n}\cos nx\right]_0^{\pi} = \frac{2}{n^2\pi}((-1)^n - 1)$$

したがって，フーリエ余弦級数は

$$f(x) = \frac{\pi}{2} + \frac{2}{\pi} \sum_{n=1}^{\infty} \frac{(-1)^n - 1}{n^2} \cos nx$$

である．

**フーリエ正弦級数** フーリエ正弦級数の定義より，フーリエ係数を，次のように計算すればよい．

$$\begin{aligned}
b_n &= \frac{2}{\pi} \int_0^\pi x \sin nx \, dx \\
&= \frac{2}{\pi} \left[ -\frac{1}{n} x \cos nx \right]_0^\pi + \frac{2}{n\pi} \int_0^\pi \cos nx \, dx \\
&= -\frac{2}{n} \cos n\pi + \frac{2}{n\pi} \left[ \frac{1}{n} \sin nx \right]_0^\pi = \frac{2(-1)^{n+1}}{n}
\end{aligned}$$

したがって，フーリエ正弦級数は

$$f(x) = 2 \sum_{n=1}^{\infty} \frac{(-1)^{n+1}}{n} \sin nx$$

である．

**練習問題 30** $0 \leq x \leq \pi$ で定義された関数 $f(x) = x$ について次の問いに答えよ．
(1) $f(x)$ を偶関数として $-\pi \leq x \leq \pi$ に拡張したものを，さらに周期関数に拡張した $f_{\mathrm{ep}}(x)$ のフーリエ級数展開を求めよ．すなわち，フーリエ余弦展開を求めよ．
(2) $f(x)$ を奇関数として $-\pi \leq x \leq \pi$ に拡張したものを，さらに周期関数に拡張した $f_{\mathrm{op}}(x)$ のフーリエ級数展開を求めよ．すなわち，フーリエ正弦展開を求めよ．

**練習問題 31** 練習問題 30 における $f_{\mathrm{ep}}(x)$, $f_{\mathrm{op}}(x)$ の $N$ 次フーリエ多項式を，それぞれ $f_{\mathrm{ep}}(x, N)$, $f_{\mathrm{op}}(x, N)$ とする．$N = 10$ についてこれらのフーリエ多項式のグラフを描き，違いを考察せよ（フーリエ余弦展開とフーリエ正弦展開の違いを表す例なので，Maple などを用いない場合も解答のグラフを参照されたい）．🖥

◆ 章末問題 ◆

1.1 次の関数のフーリエ級数を求めよ．
(1) $f(x) = -x^2 + \pi^2$ $(-\pi \leq x \leq \pi)$ を周期 $2\pi$ の周期関数に拡張した関数．
(2) $g(x) = x^3 - \pi^2 x$ $(-\pi \leq x \leq \pi)$ を周期 $2\pi$ の周期関数に拡張した関数．
(3) $h(x) = \sin^3 x + \cos^3 x$

**1.2** 章末問題 1.1 の (1) 〜 (3) の関数とそのフーリエ多項式のグラフを，同一座標に描くことにより，フーリエ級数の計算が正しいことを確かめよ．🖥

**1.3** 実数値周期関数 $f(x)$ が偶関数ならば，$f(x)$ の複素フーリエ係数 $c_n$ $(n \in \mathbb{Z})$ は実数となることを示せ．

**1.4** 実数値周期関数 $f(x)$ が奇関数ならば，$f(x)$ の複素フーリエ係数 $c_n$ $(n \in \mathbb{Z})$ は純虚数となることを示せ．

**1.5** $f(x) = |\sin x|$ のフーリエ級数を求めよ．

**1.6** 関数 $f(x) = x^2$ $(-1 \leq x \leq 1)$ を周期 2 の周期関数に拡張した関数のフーリエ級数を求めよ．

**1.7** 関数 $f(x) = x + 1$ $(0 \leq x \leq \pi)$ について，次に問いに答えよ．
 (1) 関数 $f(x)$ のフーリエ余弦級数を求めよ．
 (2) 関数 $f(x)$ のフーリエ正弦級数を求めよ．
 (3) フーリエ多項式と同様に，フーリエ余弦級数の和の上限を有限の $N$ としたものを，$N$ 次フーリエ余弦多項式ということにする．$N$ 次フーリエ正弦多項式も同様に定義する．(1)，(2) で得られた $N$ 次フーリエ余弦多項式，$N$ 次フーリエ正弦多項式のグラフを，$N = 100$ および $N = 1000$ に対して，原点 $x = 0$ の右側の小さな範囲，たとえば，$0 \leq x \leq 0.5$ の範囲で描き，両者を比較せよ．🖥

# 第2章

# フーリエ積分とフーリエ変換

> 第1章では，周期的な関数に対してフーリエ級数を定義した．では，周期的でない関数にはフーリエ解析は役立たないのかというと，そうではない．それが，本章で扱うフーリエ積分およびフーリエ変換の理論である．

## 2.1 フーリエの反転公式とフーリエ変換

$L > 0$ として，$f(x)$ を周期 $2L$ の複素数値周期関数とする．そこで

$$c_n = \frac{1}{2L} \int_{-L}^{L} f(x) e^{-i\frac{\pi}{L} nx} \, dx \quad (n \in \mathbb{Z})$$

で複素フーリエ係数を定義すると，定理 6, 7 より，

$$f(x) = \sum_{n=-\infty}^{\infty} c_n e^{i\frac{\pi}{L} nx}$$

と複素フーリエ級数展開される．これを次のように書き換える．

$$\begin{aligned} f(x) &= \sum_{n=-\infty}^{\infty} \left( \frac{1}{2L} \int_{-L}^{L} f(y) e^{-i\frac{\pi}{L} ny} \, dy \right) e^{i\frac{\pi}{L} nx} \\ &= \frac{1}{2\pi} \sum_{n=-\infty}^{\infty} \frac{\pi}{L} e^{i\frac{\pi}{L} nx} \int_{-L}^{L} f(y) e^{-i\frac{\pi}{L} ny} \, dy \end{aligned} \quad (2.1)$$

ここで

$$\xi_n = \frac{\pi n}{L}, \quad \Delta \xi = \xi_{n+1} - \xi_n = \frac{\pi}{L}$$

とおいて，式 (2.1) の右辺を書き換えると，次がわかる．

$$f(x) = \frac{1}{2\pi} \sum_{n=-\infty}^{\infty} e^{i\xi_n x} \Delta \xi \int_{-L}^{L} f(y) e^{-i\xi_n y} \, dy \quad (2.2)$$

さらに，

$$F_L(\xi) = \int_{-L}^{L} f(y) e^{-i\xi y} \, dy$$

とおくと

$$f(x) = \frac{1}{2\pi} \sum_{n=-\infty}^{\infty} F_L(\xi_n) e^{i\xi_n x} \Delta\xi \qquad (2.3)$$

が従う． $L \to \infty$ とすると

$$\lim_{L \to \infty} F_L(\xi) = \int_{-\infty}^{\infty} f(y) e^{-i\xi y}\, dy$$

が成立する．

$$F(\xi) = \int_{-\infty}^{\infty} f(y) e^{-i\xi y}\, dy \qquad (2.4)$$

とおく．すると，式 (2.3) の右辺は定積分 (2.4) の区分求積法による近似と見なされる．すなわち，定義より，$L \to \infty$ とすると，$\Delta\xi \to 0$ となるので

$$\frac{1}{2\pi} \sum_{n=-\infty}^{\infty} F_L(\xi_n) e^{i\xi_n x} \Delta\xi \to \frac{1}{2\pi} \int_{-\infty}^{\infty} F(\xi) e^{i\xi x}\, d\xi$$

が成立する．

次に，「$L \to \infty$ の意味」を考えよう．$2L$ は関数 $f(x)$ の周期であるから，$L \to \infty$ は関数 $f(x)$ が周期無限大の関数であることを意味する．そして，式 (2.4) の右辺が収束（絶対収束）するためには，微分積分学の広義積分で学んだように

$$\int_{-\infty}^{\infty} |f(x)|\, dx < \infty \qquad (2.5)$$

である必要がある．条件 (2.5) を**絶対積分可能条件**ということにする．すなわち，フーリエ解析では，周期無限大の関数とは，絶対積分可能条件 (2.5) を満たすものと考える．以上をまとめると，次が成立する．

**定理 12（フーリエの反転公式）** 関数 $f(x)$ が絶対積分可能条件 (2.5) を満たすならば，フーリエの反転公式

$$f(x) = \frac{1}{2\pi} \int_{-\infty}^{\infty} e^{i\xi x}\, d\xi \int_{-\infty}^{\infty} f(y) e^{-i\xi y}\, dy \qquad (2.6)$$

が成立する．

**定義 7（フーリエ変換）** 絶対積分可能な関数 $f(x)$ に対して

$$F(\xi) = \int_{-\infty}^{\infty} f(x) e^{-i\xi x}\, dx$$

をフーリエ変換という．フーリエ変換 $F(\xi)$ は，もとの関数 $f(x)$ を強調して $\hat{f}(\xi)$ と書くこともある．また，フーリエ変換を，関数 $f(x)$ に関する演算と見なして，$\mathcal{F}[f](\xi)$ と書く場合もある．すなわち

$$\hat{f}(\xi) = \mathcal{F}[f](\xi) = \int_{-\infty}^{\infty} f(x) e^{-i\xi x}\, dx$$

である．これらの記法は，場合に応じて便利なものを選ぶ．

この記法を使うと，フーリエの反転公式は次のように書ける．

**定理 13（逆フーリエ変換）** $f(x)$ が絶対積分可能ならば

$$f(x) = \frac{1}{2\pi} \int_{-\infty}^{\infty} \hat{f}(\xi) e^{i\xi x}\, d\xi \tag{2.7}$$

が成立する．式 (2.7) を逆フーリエ変換という．

**注意 3** 逆フーリエ変換を $\mathcal{F}^{-1}[\hat{f}(\xi)](x)$ と書くこともある．すなわち，フーリエの反転公式は

$$f(x) = \mathcal{F}^{-1}[\hat{f}(\xi)](x)$$

と書ける．

**練習問題 32** $f(x) = e^{-|x|}$ について次の問いに答えよ．
(1) $f(x)$ は絶対積分可能であることを示せ．
(2) $f(x)$ のフーリエ変換を求めよ．

**練習問題 33** 関数

$$f(x) = \begin{cases} 1 - x^2 & (-1 \leq x \leq 1) \\ 0 & (|x| > 1) \end{cases}$$

のフーリエ変換を求めよ．

## 2.2 フーリエ変換の基本的性質

フーリエ変換の基本的性質を調べる．

### I. フーリエ変換の線形性

$f(x)$, $g(x)$ を絶対積分可能な関数とすると，任意の $\alpha, \beta \in \mathbb{C}$ に対して

$$\mathcal{F}[\alpha f + \beta g](\xi) = \alpha \mathcal{F}[f](\xi) + \beta \mathcal{F}[g](\xi) \tag{2.8}$$

が成立する．

### II. 導関数のフーリエ変換の公式

$f(x)$ が絶対積分可能かつ微分可能な関数で，その導関数 $f'(x)$ も絶対積分可能ならば

$$\mathcal{F}[f'](\xi) = i\xi \mathcal{F}[f](\xi) \tag{2.9}$$

が成立する．

### III. たたみ込み演算

$f(x)$, $g(x)$ は絶対積分可能，かつ有界，すなわち，正の定数 $K_1$, $K_2$ が存在して，$|f(x)| \leq K_1$, $|g(x)| \leq K_2$ とする．このとき

$$(f * g)(x) = \int_{-\infty}^{\infty} f(x-y)g(y)\,dy \tag{2.10}$$

を，$f(x)$ と $g(x)$ の**たたみ込み**（英語の**コンボリューション**を用いることも多い）という．すると

$$\mathcal{F}[f * g](\xi) = \mathcal{F}[f](\xi)\mathcal{F}[g](\xi) \tag{2.11}$$

および

$$\mathcal{F}[fg](\xi) = \frac{1}{2\pi}\mathcal{F}[f] * \mathcal{F}[g](\xi) \tag{2.12}$$

が成立する．すなわち，たたみ込みのフーリエ変換はフーリエ変換の積になり，積のフーリエ変換はフーリエ変換のたたみ込みになる．

上に列挙した I〜III は，フーリエ変換を運用するにあたって常に用いる，きわめて重要な公式である．

## 2.2 フーリエ変換の基本的性質

**I〜III の証明** まず，I のフーリエ変換の線形性を示す．

$$\text{式 (2.8) の左辺} = \int_{-\infty}^{\infty} (\alpha f(x) + \beta g(x)) e^{-i\xi x} \, dx$$

$$= \alpha \int_{-\infty}^{\infty} f(x) e^{-i\xi x} \, dx + \beta \int_{-\infty}^{\infty} g(x) e^{-i\xi x} \, dx$$

$$= \text{式 (2.8) の右辺}$$

次に，II の導関数のフーリエ変換の公式を示す．絶対積分可能ならば $\lim_{|x| \to \infty} f(x) = 0$ であることに注意しよう．すると，部分積分により次がわかる．

$$\text{式 (2.9) の左辺} = \int_{-\infty}^{\infty} f'(x) e^{-i\xi x} \, dx$$

$$= \left[ f(x) e^{-i\xi x} \right]_{x=-\infty}^{\infty} + i\xi \int_{-\infty}^{\infty} f(x) e^{-i\xi x} \, dx$$

$$= i\xi \int_{-\infty}^{\infty} f(x) e^{-i\xi x} \, dx$$

$$= \text{式 (2.9) の右辺}$$

次に，III の二つのたたみ込みの公式 (2.11)，(2.12) を示す．まず，公式 (2.11) から証明する．

$$\text{式 (2.11) の左辺} = \int_{-\infty}^{\infty} e^{-i\xi x} \int_{-\infty}^{\infty} f(x-y) g(y) \, dy \, dx$$

$$= \int_{-\infty}^{\infty} g(y) \int_{-\infty}^{\infty} f(x-y) e^{-i\xi x} \, dx \, dy$$

$$= \int_{-\infty}^{\infty} g(y) \int_{-\infty}^{\infty} f(x-y) e^{-i\xi(x-y)} e^{-i\xi y} \, dx \, dy$$

$$= \int_{-\infty}^{\infty} g(y) e^{-i\xi y} \int_{-\infty}^{\infty} f(x-y) e^{-i\xi(x-y)} \, dx \, dy$$

$$= \int_{-\infty}^{\infty} g(y) e^{-i\xi y} \, dy \int_{-\infty}^{\infty} f(z) e^{-i\xi z} \, dz$$

$$= \text{式 (2.11) の右辺}$$

次に公式 (2.12) を証明する．

$$\text{式 (2.12) の左辺} = \int_{-\infty}^{\infty} f(x) g(x) e^{-i\xi x} \, dx$$

$$= \int_{-\infty}^{\infty} f(x) e^{-i\xi x} \left( \frac{1}{2\pi} \int_{-\infty}^{\infty} \mathcal{F}[g](\eta) e^{i\eta x} \, d\eta \right) dx$$

$$= \frac{1}{2\pi} \int_{-\infty}^{\infty} \mathcal{F}[g](\eta) \int_{-\infty}^{\infty} f(x) e^{-i(\xi-\eta)x} \, dx \, d\eta$$

$$= \frac{1}{2\pi} \int_{-\infty}^{\infty} \mathcal{F}[g](\eta) \mathcal{F}[f](\xi-\eta) \, d\eta$$

$$= \frac{1}{2\pi} \mathcal{F}[f] * \mathcal{F}[g](\xi)$$

$$= 式 (2.12) の右辺$$

□

フーリエ変換は積分で定義されるが，積分をきちんと計算できる例はそう多くない．ここでは，別段の工夫やアイデアなしに，素直に定義だけで計算できる簡単な例をいくつか挙げておこう．

▶**例14** 次の箱形関数を考えよう（図 2.1（a）参照）．

$$f(x) = \begin{cases} 1 & (|x| \leq 1) \\ 0 & (|x| > 1) \end{cases} \tag{2.13}$$

（a）箱形関数　　（b）箱形関数のフーリエ変換

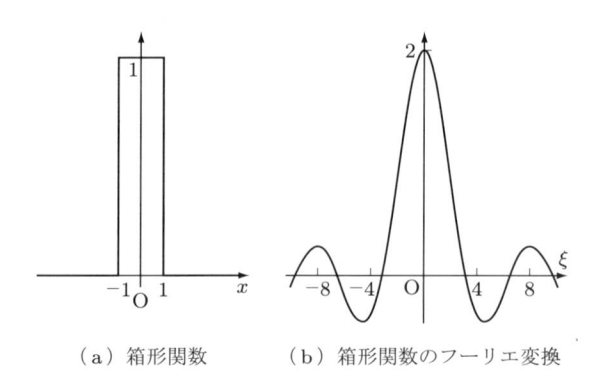

図 2.1　箱形関数とフーリエ変換

このフーリエ変換の計算は簡単にできる．$\xi \neq 0$ ならば，オイラーの公式を使うと，次がわかる．

$$\mathcal{F}[f](\xi) = \int_{-\infty}^{\infty} f(x) e^{-i\xi x} \, dx$$

$$= \int_{-1}^{1} e^{-i\xi x} \, dx = \left[ \frac{e^{-i\xi x}}{-i\xi} \right]_{x=-1}^{1} = \frac{1}{-i\xi}(e^{-i\xi} - e^{i\xi}) = \frac{2\sin \xi}{\xi}$$

$\xi = 0$ ならば

$$\mathcal{F}[f](0) = \int_{-1}^{1} dx = 2$$

である．一方，微分積分学のよく知られた公式

$$\lim_{\xi \to 0} \frac{\sin \xi}{\xi} = 1$$

より，$\xi = 0$ においても $\mathcal{F}[f](\xi)$ は連続で，フーリエ変換は，すべての $\xi \in \mathbb{R}$ に対して

$$\mathcal{F}[f](\xi) = \frac{2\sin \xi}{\xi} \tag{2.14}$$

が成立する（図 2.1（b）参照）．

周波数解析では，箱形関数のフーリエ変換 (2.14) で定義される関数は，sinc($\xi$) で表され，**サンプリング関数**とよばれる．すなわち

$$\mathrm{sinc}(\xi) = \frac{\sin \xi}{\xi} \tag{2.15}$$

であり，式 (2.14) より

$$\mathcal{F}[f](\xi) = 2\,\mathrm{sinc}(\xi)$$

が成立する．

▶**例 15** 次のピーク型指数関数を考えよう（図 2.2（a）参照）．

$$f(x) = e^{-|x|}$$

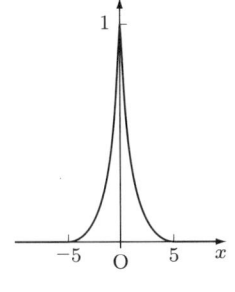

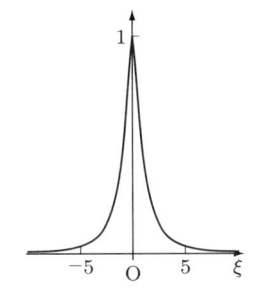

（a）ピーク型指数関数　（b）ピーク型指数関数のフーリエ変換

図 2.2　ピーク型指数関数とフーリエ変換

次のように，フーリエ変換の計算を定義どおり実行すればよい．

$$
\begin{aligned}
\mathcal{F}[f](\xi) &= \int_{-\infty}^{\infty} e^{-|x|} e^{-i\xi x}\, dx \\
&= \int_{-\infty}^{0} e^{x} e^{-i\xi x}\, dx + \int_{0}^{\infty} e^{-x} e^{-i\xi x}\, dx \\
&= \int_{-\infty}^{0} e^{(1-i\xi)x}\, dx + \int_{0}^{\infty} e^{(-1-i\xi)x}\, dx \\
&= \left[\frac{e^{(1-i\xi)x}}{1-i\xi}\right]_{x=-\infty}^{0} + \left[\frac{e^{(-1-i\xi)x}}{-1-i\xi}\right]_{x=0}^{\infty} \\
&= \frac{1}{1-i\xi} + \frac{1}{1+i\xi} = \frac{2}{1+\xi^2}
\end{aligned}
$$

したがって

$$\mathcal{F}[f](\xi) = \frac{2}{1+\xi^2} \tag{2.16}$$

である（図 2.2（b）参照）．

初等的な例としては少し難しいが，複素解析におけるガウス関数もよい例である．

▶例 16（ガウス関数のフーリエ変換） ガウス関数（図 2.3（a）参照）

$$f(x) = e^{-x^2}$$

のフーリエ変換は，次で与えられる（図 2.3（b）参照）．

$$\mathcal{F}[e^{-x^2}](\xi) = \sqrt{\pi}\, e^{-\frac{\xi^2}{4}} \tag{2.17}$$

（a）ガウス関数　　（b）ガウス関数のフーリエ変換

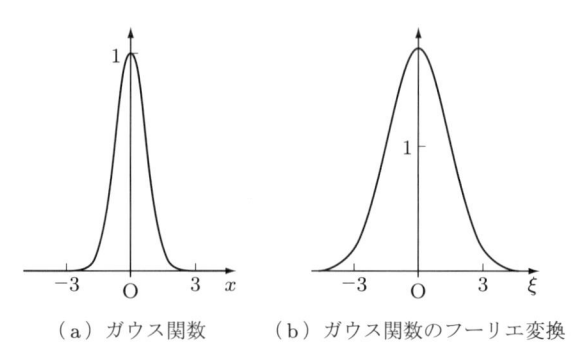

図 2.3　ガウス関数とフーリエ変換

ガウス関数のフーリエ変換は複素解析を用いるので，本書では詳しい計算は省略する．詳細は，本書の姉妹編「複素解析の基礎」の 4.3 節「留数計算のフーリエ積分への応用」を参照されたい．

関数
$$g(x) = \frac{1}{\sqrt{2\pi}\sigma} e^{-\frac{(x-\mu)^2}{2\sigma^2}}$$

は，数理統計学で学ぶ平均 $\mu$，分散 $\sigma^2$ の正規（ガウス）分布の密度関数である．このフーリエ変換の公式は，定数倍に違いはあるが，正規分布の密度関数のフーリエ変換が，ふたたび正規分布の密度関数になることを表している．これは，自然界における正規分布のもつ特別な位置を反映した事実といってよい．

**練習問題 34** 関数 $f(x)$ を

$$f(x) = \begin{cases} e^{-x} & (x \geq 0) \\ 0 & (x < 0) \end{cases}$$

で定義する．このとき次の問いに答えよ．
（1） $f(x)$ は絶対積分可能であることを示せ．また，$f(x)$ のグラフを描け（可能ならば Maple で描け）．
（2） $f(x)$ のフーリエ変換を求めよ．
（3） たたみ込み $(f * f)(x)$ を求めよ．さらに，そのフーリエ変換 $\mathcal{F}[f * f](\xi)$ を求め，

$$\mathcal{F}[f * f](\xi) = \mathcal{F}[f](\xi)^2$$

を確かめよ．

## 2.3 フーリエ変換に対するパーセバルの等式

フーリエ級数に対するパーセバルの等式（定理 11 参照）は，次のように表された．すなわち，$f(x)$ が区分的になめらかな周期 $2\pi$ の周期関数ならば

$$f(x) = \frac{a_0}{2} + \sum_{n=1}^{\infty} (a_n \cos nx + b_n \sin nx)$$

で，等式

$$\int_0^{2\pi} f(x)^2 \, dx = \frac{a_0^2}{2} + \sum_{n=1}^{\infty} (a_n^2 + b_n^2)$$

が成立する．フーリエ変換にもこれに対応する同様の等式が知られていて，同じ名前でよばれている．

**定理 14（フーリエ変換に対するパーセバルの等式）** $\mathbb{R}$ 全体で定義された複素数値関数 $f(x)$ が，絶対積分可能で，さらに

$$\int_{-\infty}^{\infty} |f(x)|^2 \, dx < \infty \tag{2.18}$$

ならば，$\hat{f}(\xi)$ をフーリエ変換として，パーセバルの等式

$$\int_{-\infty}^{\infty} |f(x)|^2 \, dx = \frac{1}{2\pi} \int_{-\infty}^{\infty} |\hat{f}(\xi)|^2 \, dx \tag{2.19}$$

が成立する．

**証明** 記号が複雑になるのをさけるために，$f(x)$ に対して

$$g(x) = \overline{f(x)}$$

とおく．すると，明らかな書き換え

$$2\pi \int_{-\infty}^{\infty} |f(x)|^2 \, dx = 2\pi \int_{-\infty}^{\infty} f(x)g(x)e^{-i\omega x} \, dx \bigg|_{\omega=0} \tag{2.20}$$

ができる．ここで，式 (2.20) の右辺をよくみると，$\omega = 0$ とする前は関数 $f(x)$ と $g(x)$ の積のフーリエ変換になっている．したがって，2.2 節のたたみ込みの公式 (2.12) より，次が成立する．

$$2\pi \int_{-\infty}^{\infty} f(x)g(x)e^{-i\omega x} \, dx = \int_{-\infty}^{\infty} \mathcal{F}[f](\xi)\mathcal{F}[g](\omega - \xi) \, d\xi \tag{2.21}$$

この式 (2.21) において $\omega = 0$ とすると，式 (2.20) より

$$2\pi \int_{-\infty}^{\infty} |f(x)|^2 \, dx = \int_{-\infty}^{\infty} \mathcal{F}[f](\xi)\mathcal{F}[g](-\xi) \, d\xi \tag{2.22}$$

となる．定義より，$g(x) = \overline{f(x)}$ であるから，次の関係式が成立する．

$$\mathcal{F}[f](\xi) = \int_{-\infty}^{\infty} f(x)e^{-i\xi x} \, dx$$

$$\mathcal{F}[g](-\xi) = \int_{-\infty}^{\infty} g(x)e^{-i(-\xi)x} \, dx$$

$$= \overline{\int_{-\infty}^{\infty} f(x)e^{-i\xi x} \, dx} = \overline{\mathcal{F}[f](\xi)}$$

したがって

$$式 (2.22) の右辺 = \int_{-\infty}^{\infty} |\mathcal{F}[f](\xi)|^2 \, dx$$

が示された. □

パーセバルの等式は，証明にたたみ込み演算を用いた．そういう意味で，たたみ込みを使う定理として信号処理でしばしば出会う，ウィーナー–ヒンチンの定理を紹介する．そのために，相関関数やパワースペクトルを定義する．

---

**定義 8（相関関数とパワースペクトル）** $\mathbb{R}$ 全体で定義された複素数値関数 $f(x)$, $g(x)$ が絶対積分可能で，さらに

$$\int_{-\infty}^{\infty} |f(x)|^2 \, dx < \infty, \quad \int_{-\infty}^{\infty} |g(x)|^2 \, dx < \infty$$

を満たしているとする．そのとき

$$R_{fg}(\tau) = \int_{-\infty}^{\infty} f(t)\overline{g(t-\tau)} \, dt \tag{2.23}$$

を**相互相関関数**という．また，$g(x) = f(x)$ のとき，$R_{ff}(\tau)$ を**自己相関関数**という．すなわち

$$R_{ff}(\tau) = \int_{-\infty}^{\infty} f(t)\overline{f(t-\tau)} \, dt \tag{2.24}$$

である．さらに

$$E(\xi) = |\mathcal{F}[f](\xi)|^2 \tag{2.25}$$

を**パワースペクトル**または**エネルギースペクトル**という．

---

相互相関関数は，二つの関数（= 信号）がどれくらい似ているかを計測する関数であり，自己相関関数は関数（= 信号）の乱雑さ（ランダムネス）を計測する関数である．また，1.2 節の冒頭に述べたように，フーリエ級数は，関数（= 信号）を元素的な信号である，さまざまな波数の三角関数の定数（= フーリエ係数）倍の和に分解する操作であった．フーリエ変換では，その波数を連続的に変化させるわけである．その絶対値は，その波数の成分がどれくらいの量が含まれているかを表す関数である．それがパワースペクトルである．

**定理15（ウィーナー-ヒンチンの定理）** $f(x)$ を定義8の条件を満たす関数とする．このとき

$$E(\xi) = \mathcal{F}[R_{ff}(\tau)](\xi) \tag{2.26}$$

が成立する．

**証明** 式 (2.26) の右辺から，計算で書き換えていく．

$$\begin{aligned}
\mathcal{F}[R_{ff}(\tau)](\xi) &= \int_{-\infty}^{\infty} R_{ff}(\tau) e^{-i\xi\tau} \, d\tau \\
&= \int_{-\infty}^{\infty} \left( \int_{-\infty}^{\infty} f(t) \overline{f(t-\tau)} \, dt \right) e^{-i\xi\tau} \, d\tau \\
&= \int_{-\infty}^{\infty} f(t) \overline{\left( \int_{-\infty}^{\infty} f(t-\tau) e^{i\xi\tau} \, d\tau \right)} \, dt \\
&= \int_{-\infty}^{\infty} f(t) \overline{\left( \int_{-\infty}^{\infty} f(s) e^{i\xi(t-s)} \, ds \right)} \, dt \quad (\text{変数変換 } \tau = t - s) \\
&= \int_{-\infty}^{\infty} f(t) e^{-i\xi t} \, dt \cdot \overline{\int_{-\infty}^{\infty} f(s) e^{-i\xi s} \, ds} \\
&= \mathcal{F}[f](\xi) \cdot \overline{\mathcal{F}[f](\xi)} = E(\xi)
\end{aligned}$$

以上で証明できた． □

**練習問題35** 2.2節の例14において，式 (2.13) で定義された箱形関数 $f(x)$ のフーリエ変換が，式 (2.15) で定義されるサンプリング関数

$$\operatorname{sinc} \xi = \frac{\sin \xi}{\xi}$$

を用いて

$$\mathcal{F}[f](\xi) = 2\operatorname{sinc} \xi$$

で表されることを示した．このことと，フーリエ変換に関するパーセバルの等式を利用して，定積分

$$I = \int_{-\infty}^{\infty} \left( \frac{\sin \xi}{\xi} \right)^2 d\xi$$

の値を求めよ．

## 2.4 フーリエ変換の応用

本書は，おもに信号処理を主眼において進めてきたが，フーリエ変換の起源は偏微分方程式の解法である．本節では $f = f(x,t)$，$g = g(x,t)$ に対する，次の二つの偏微分方程式の解法を紹介する．

$$\frac{\partial f}{\partial t} = c\frac{\partial f}{\partial x} \quad \text{（移流方程式）} \tag{2.27}$$

$$\frac{\partial g}{\partial t} = D\frac{\partial^2 g}{\partial x^2} \quad \text{（熱伝導方程式）} \tag{2.28}$$

ここに，$c \neq 0$，$D > 0$ は定数である．方程式の解としては，解が存在する範囲の任意の $t$ に対して $f(x,t)$，$g(x,t)$ は**急減少**であるとする．ここに，$x \in \mathbb{R}$ の関数 $\phi(x)$ が急減少であるとは，無限回微分可能で，さらに，任意の $m, n \in \mathbb{Z}_+$ に対して

$$\lim_{|x| \to \infty} |x|^m \left| \frac{d^n}{dx^n} \phi(x) \right| = 0$$

が成立することをいう．すなわち，何回微分しても，何次の多項式をかけても，$x$ の絶対値をどんどん大きくすれば，その値はいくらでも小さくなるような関数である．

▶**例 17（急減少する関数とそうでない関数）** まず，ガウス関数 $\phi(x) = e^{-x^2}$ を考えよう．そのグラフは 2.2 節の図 2.3（a）で与えてある．この関数が何回でも微分可能なのは次式から明らかであろう．

$$\frac{d}{dx}e^{-x^2} = -2xe^{-x^2}$$

$$\frac{d^2}{dx^2}e^{-x^2} = (4x^2 - 2)e^{-x^2}$$

$$\frac{d^3}{dx^3}e^{-x^2} = (-8x^3 + 12x)e^{-x^2}$$

以下同様に，$n$ 次導関数は「$n$ 次多項式 $\times e^{-x^2}$」の形をしている．したがって，急減少であることを示すには，任意の $n \in \mathbb{N}$ に対して

$$\lim_{|x| \to \infty} |x|^n e^{-x^2} = 0$$

を示せばよい．そして，これは

$$x^n e^{-x^2} = \frac{x^n}{e^{x^2}}$$

と書き換えて，ロピタルの定理をくり返し使えば明らかであろう．したがって，ガ

ウス関数 $e^{-x^2}$ は急減少関数である．

一方，図 2.2（b）はピーク型指数関数のフーリエ変換で，それは関数としては式 (2.16) である．グラフの概形はガウス関数とそっくりである．そこでは変数が $\xi$ であるが，それを $x$ にかえて，分子を 1 にした関数

$$\psi(x) = \frac{1}{x^2 + 1}$$

は急減少だろうか．$\psi(x)$ は確かに何回でも微分可能である．しかし，答えはノーである．なぜならば，明らかに

$$\lim_{|x| \to \infty} |x|^2 |\psi(x)| = \lim_{|x| \to \infty} \frac{x^2}{x^2 + 1} = 1$$

だからである．

## I. 移流方程式の初期値問題のフーリエの方法による解

問題をもう一度きちんと書いておこう．

> **問題** $f_0(x)$ を急減少関数とする．各 $t$ に対して $x$ の関数として急減少で，移流方程式 (2.27) を満たし，初期条件
> 
> $$f(x, 0) = f_0(x) \tag{2.29}$$
> 
> を満たすような関数 $f(x, t)$ を構成せよ．

この問題をフーリエ変換を利用して解くのだが，最初に，次のことに注意しよう．$f(x,t)$ が各 $t$ ごとに $x$ の関数として急減少ならば

$$\mathcal{F}\left[\frac{\partial f}{\partial t}(x, t)\right](\xi) = \frac{d}{dt}\hat{f}(\xi, t) \tag{2.30}$$

が成立する．ここで，記号の意味を説明する．まず

$$\hat{f}(\xi, t) = \int_{-\infty}^{\infty} f(x, t) e^{-i\xi x}\, dx$$

である．すなわち，式 (2.30) の右辺は $\xi$, $t$ の 2 変数の関数だが，以下では $\xi$ はパラメータ（媒介変数）と見なして，変数 $x$, $t$ とは区別することにする．そういう意味で，右辺は偏微分 $\partial$ ではなく常微分 $d$ を使っているのである．式 (2.30) の意味は

$$\int_{-\infty}^{\infty} \frac{\partial f}{\partial t}(x, t) e^{-i\xi x}\, dx = \frac{d}{dt} \int_{-\infty}^{\infty} f(x, t) e^{-i\xi x}\, dx$$

である．すなわち，$x$ に関する積分と $t$ に関する微分の順序を交換している．そういう操作が可能であるためには，条件が必要である．しかし，現時点で解 $f(x,t)$ の性質もまったくわかっていないので，逆に，微分積分の順序交換可能な解を探す，という立場をとるわけである．

以上の準備のもと，上の初期値問題を解こう．まず，移流方程式 (2.27) の両辺をフーリエ変換する．すると，2.2 節の導関数のフーリエ変換の公式 (2.9) より

$$\frac{d}{dt}\hat{f}(\xi,t) = c\mathcal{F}\left[\frac{\partial f}{\partial x}\right](\xi,t) = ic\xi\hat{f}(\xi,t) \tag{2.31}$$

である．これは，$\hat{f}(\xi,t)$ を未知関数とする，パラメータ $\xi$ に依存する定数係数 1 階線形常微分方程式

$$\frac{d}{dt}\hat{f}(\xi,t) = ic\xi\hat{f}(\xi,t) \tag{2.32}$$

にほかならない．さらに，その解 $\hat{f}(\xi,t)$ は初期条件

$$\hat{f}(\xi,0) = \hat{f}_0(\xi) \tag{2.33}$$

を満たす．すなわち，移流方程式の初期条件 (2.29) もフーリエ変換するわけである．すると，1 階線形常微分方程式の解の公式より

$$\hat{f}(\xi,t) = \hat{f}_0(\xi)e^{ic\xi t} \tag{2.34}$$

が成立する（解の公式を忘れている場合は，単純にこの式 (2.34) の両辺を微分してやれば，微分方程式 (2.32) と初期条件 (2.33) を満たしていることが確かめられる）．もとの方程式 (2.27) の解 $f(x,t)$ で初期条件 (2.29) を満たすものは，式 (2.34) の両辺を逆フーリエ変換すればよい．すなわち，次がわかる．

$$\begin{aligned} f(x,t) = \mathcal{F}^{-1}[\hat{f}](x,t) &= \int_{-\infty}^{\infty} \hat{f}(\xi,t)e^{i\xi x}\,d\xi \\ &= \int_{-\infty}^{\infty} \hat{f}_0(\xi)e^{ic\xi t}e^{i\xi x}\,d\xi \\ &= \int_{-\infty}^{\infty} \hat{f}_0(\xi)e^{i\xi(x+ct)}\,d\xi = f_0(x+ct) \end{aligned} \tag{2.35}$$

よって，

$$f(x,t) = f_0(x+ct) \tag{2.36}$$

が解である．これが方程式 (2.27) を満たすことは，$f_0(x+ct)$ を直接偏微分して確かめ

られるし,初期条件 (2.29) を満たすことは,$t=0$ とすれば明らかである.式 (2.36) のような解は**進行波解**とよばれ,波の解析において重要な位置を占めるものである(図 2.4 参照).

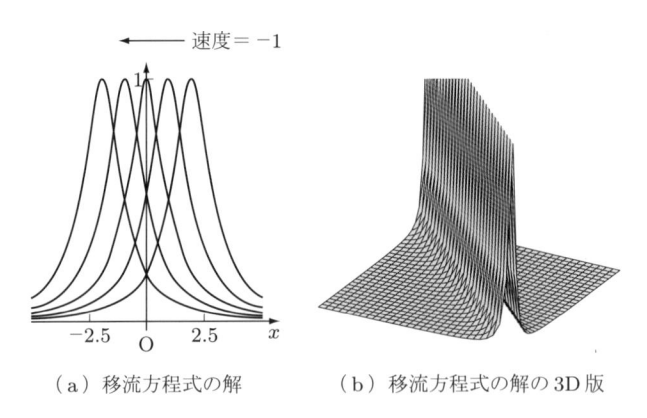

(a)移流方程式の解　　(b)移流方程式の解の 3D 版

図 2.4　移流方程式の解

## II. 熱伝導方程式の初期値問題のフーリエの方法による解

移流方程式の場合と同様に,問題をもう一度きちんと書いておこう.

> **問題**　$g_0(x)$ を急減少関数とする.各 $t$ に対して,$x$ の関数として急減少で,熱伝導方程式 (2.28) を満たし,初期条件
> $$g(x,0) = g_0(x) \tag{2.37}$$
> を満たすような関数 $g(x,t)$ を構成せよ.

熱伝導方程式のフーリエの解法は,移流方程式の場合に比べて格段に難しくなる.反面,大学の基礎課程の数学の中では,ある意味では集大成ともいえる内容で,最も面白い理論である.

まず,熱伝導方程式 (2.28) の両辺をフーリエ変換する.すると,2.2 節の導関数のフーリエ変換の公式 (2.9) より

$$\frac{d}{dt}\hat{g}(\xi,t) = -D\xi^2 \hat{g}(\xi,t), \quad \hat{g}(\xi,0) = \hat{g}_0(\xi) \tag{2.38}$$

がわかる.これは 1 階線形常微分方程式なので簡単に解けて

$$\hat{g}(\xi,t) = \hat{g}_0(\xi) e^{-D\xi^2 t} \tag{2.39}$$

である.したがって,これを逆フーリエ変換すると次がわかる.

$$g(x,t) = \frac{1}{2\pi}\int_{-\infty}^{\infty} \hat{g}_0(\xi)e^{-D\xi^2 t}e^{i\xi x}\,d\xi$$

$$= \frac{1}{2\pi}\int_{-\infty}^{\infty}\left\{\int_{-\infty}^{\infty} g_0(y)e^{-i\xi y}\,dy\right\}e^{-D\xi^2 t}e^{i\xi x}\,d\xi$$

$$= \frac{1}{2\pi}\int_{-\infty}^{\infty} g_0(y)\left\{\int_{-\infty}^{\infty} e^{-D\xi^2 t}e^{i\xi(x-y)}\,d\xi\right\}dy \tag{2.40}$$

そこで

$$E(x,t) = \frac{1}{2\pi}\int_{-\infty}^{\infty} e^{-D\xi^2 t}e^{i\xi x}\,d\xi \tag{2.41}$$

とおく．この式 (2.41) が収束するためには，関数 $e^{-D\xi^2 t}$ が $\xi$ の関数として急減少でなければならないが，そのためには $t>0$ が必要である．そうすると，解 $g(x,t)$ は関数 $E(x,t)$ を使って

$$g(x,t) = \int_{-\infty}^{\infty} E(x-y,t)g_0(y)\,dy \tag{2.42}$$

と書ける．これで熱伝導方程式に対する初期値問題の解は求められたが，関数 $E(x,y)$ を，もっとはっきりした形で表したい．この問題で重要なのは，この計算である．ところが，この問題に関する解はすでに与えてある．フーリエ変換の例としてあげた，2.2 節の式 (2.17) である．そこではフーリエ変換の関係式として

$$\mathcal{F}\left[e^{-x^2}\right](\xi) = \sqrt{\pi}e^{-\frac{\xi^2}{4}}$$

と書いたが，これを逆フーリエ変換として書くと

$$\mathcal{F}^{-1}\left[\sqrt{\pi}e^{-\frac{\xi^2}{4}}\right](x) = e^{-x^2} \tag{2.43}$$

である．あるいは積分できちんと書くと，係数を少し整理して

$$\frac{1}{2\sqrt{\pi}}\int_{-\infty}^{\infty} e^{-\frac{\xi^2}{4}}e^{i\xi x}\,d\xi = e^{-x^2} \tag{2.44}$$

である．そこで，式 (2.41) を書き換える．

$$E(x,t) = \frac{1}{2\pi}\int_{-\infty}^{\infty} e^{-D\omega^2 t}e^{i\omega x}\,d\omega$$

$$= \frac{1}{2\pi}\int_{-\infty}^{\infty} e^{-\frac{\xi^2}{4}}e^{i\frac{\xi}{2\sqrt{Dt}}x}\frac{1}{2\sqrt{Dt}}\,d\xi \quad \left(\because 変数変換\ \omega = \frac{\xi}{2\sqrt{Dt}}\right)$$

$$= \frac{1}{2\sqrt{\pi Dt}} \left( \frac{1}{\sqrt{\pi}} \int_{-\infty}^{\infty} e^{-\frac{\xi^2}{4}} e^{i\xi \frac{x}{2\sqrt{Dt}}} d\xi \right)$$

$$= \frac{1}{2\sqrt{\pi Dt}} e^{-\frac{x^2}{4Dt}}$$

これより，熱伝導方程式 (2.28) の初期条件 (2.37) を満たす解は，次で与えられることがわかった．

$$g(x,t) = \frac{1}{2\sqrt{\pi Dt}} \int_{-\infty}^{\infty} e^{-\frac{(x-y)^2}{4Dt}} g_0(y) \, dy \tag{2.45}$$

解の公式 (2.45) を利用して，解を構成してみよう．次の条件で構成する．

$$D = 1$$

$$g_0(x) = \begin{cases} 1 & (|x| \leq 1) \\ 0 & (|x| > 1) \end{cases}$$

この条件を公式 (2.45) に代入すると，解の積分表示が得られる．

$$g(x,t) = \frac{1}{2\sqrt{t}} \int_{-1}^{1} e^{-\frac{(x-y)^2}{4t}} \, dt \tag{2.46}$$

図 2.5 は初期関数，図 2.6 は Maple の 3D グラフィック「plot3d」を用いたグラフである．図 2.7 の六つのグラフは，解の時間発展を図にしたものである．$t = 0$ で箱形だった関数が，時間とともに次第にすそが広がって，ガウス関数のようななめらかな広がりをもった関数に変わっていくのがよくわかる．このような現象は**拡散現象**といって，熱伝導だけでなく，さまざまな汚染の広がりやランダムウォークにも現れる，自然界における，空間への普遍的な広がり方のパターンである．フーリエ解析は，このような基本的な現象の解明に威力を発揮するのである．

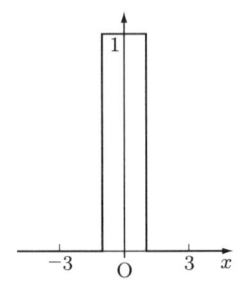

図 2.5 初期関数 $g_0(x)$

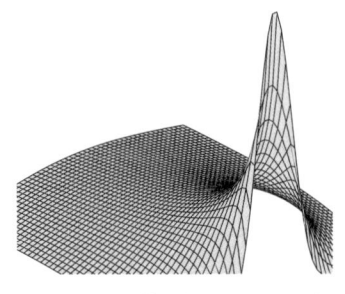

図 2.6 熱伝導方程式の解の 3D 版

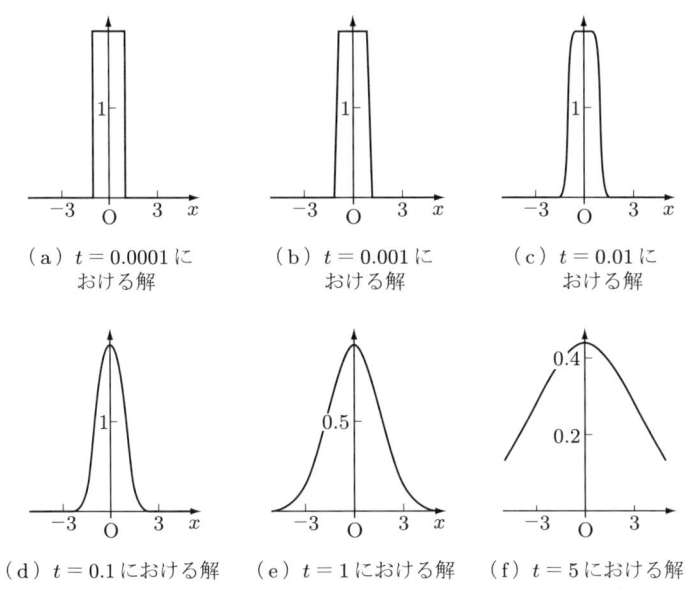

(a) $t=0.0001$ における解
(b) $t=0.001$ における解
(c) $t=0.01$ における解
(d) $t=0.1$ における解
(e) $t=1$ における解
(f) $t=5$ における解

図 2.7 解の時間発展

**練習問題 36** 熱伝導方程式の解の公式 (2.45) を利用して，拡散係数 $D=1$ である場合，初期関数

$$g_0(x) = \begin{cases} 1-|x| & (|x| \leq 1) \\ 0 & (|x| > 0) \end{cases}$$

に対する解（積分表示）を構成せよ（Maple を使える場合は，解のグラフィック表示をせよ）．

◆章末問題◆

2.1 関数

$$f(x) = \begin{cases} \cos x & \left(-\dfrac{\pi}{2} \leq x \leq \dfrac{\pi}{2}\right) \\ 0 & \left(|x| > \dfrac{\pi}{2}\right) \end{cases}$$

のフーリエ変換を求めよ．

2.2 Maple を用いて，次の関数のフーリエ変換を計算せよ．

(1) $f(x) = e^{-x^2}$ (2) $g(x) = \begin{cases} e^{-x} & (x > 0) \\ 0 & (x \leq 0) \end{cases}$

**2.3** $f(x)$ を実数値の絶対積分可能関数とする．そのときフーリエ余弦変換 $C(\xi)$ とフーリエ正弦変換 $S(\xi)$ を

$$C(\xi) = \int_{-\infty}^{\infty} f(x) \cos \xi x \, dx, \quad S(\xi) = \int_{-\infty}^{\infty} f(x) \sin \xi x \, dx$$

で定義する．このとき次を証明せよ．
（1） $f(x)$ が偶関数ならば $\mathcal{F}[f](\xi) = C(\xi)$ が成立する．
（2） $f(x)$ が奇関数ならば $\mathcal{F}[f](\xi) = -iS(\xi)$ が成立する．

**2.4** 箱形関数のフーリエ変換の公式 (2.14) を利用して，次の等式を証明せよ．

$$\int_0^\infty \frac{\sin \xi}{\xi} \, d\xi = \frac{\pi}{2}$$

（注．この公式は解析学でよく使われるものである）

**2.5** フーリエ変換に関して，等式

$$\overline{\mathcal{F}[f](\xi)} = \mathcal{F}[\overline{f}](-\xi)$$

を示せ．

# 第3章
# ラプラス変換

フーリエ級数は，周期関数を解析する強力な武器であった．また，フーリエ変換は，絶対積分可能な関数を解析するのにきわめて有効であった．では，**増大し続けるような関数**を解析する方法はないのだろうか．それに答えるのがラプラス変換である．ラプラス変換は，歴史的には，電気回路の常微分方程式を代数的に解くための手法として開発された．現代ではその役割よりも，どちらかというと，自動制御などへの応用のほうが多いが，本書では，基礎理論に続いて，まず微分方程式への応用を解説する．

## 3.1 ラプラス変換の定義

本章では，応用を考えて，独立変数は時間を示唆する $t$ で，また，対象とする関数は $x(t)$ で表し，実数値の場合を考える．$t \geq 0$ で定義された関数 $x(t)$ に対して

$$X(s) = \int_0^\infty x(t)e^{-st}\,dt \tag{3.1}$$

を**ラプラス変換**という．ここで，$s$ は複素変数である．現時点では関数 $x(t)$ や変数 $s$ には制限を加えずに，無限積分 (3.1) の収束性の観点から，徐々にそれを明らかにしていく．フーリエ変換と同様に，この無限積分 (3.1) を

$$X(s) = \mathcal{L}[x(t)](s) \tag{3.2}$$

と表す．$\mathcal{L}$ を写像と考えて $X(s)$ を**ラプラス変換像**ということもある．考える関数は独立変数も従属変数もともに実数であるが，変換された関数 $X(s)$ は独立変数 $s$ も複素数である．$\sigma = \mathrm{Re}[s]$ とすると

$$|X(s)| \leq \int_0^\infty |x(t)|e^{-\sigma t}\,dt$$

である．したがって，ラプラス変換 $X(s)$ が意味をもつためには

$$\int_0^\infty |x(t)|e^{-\sigma t}\,dt < \infty \tag{3.3}$$

であればよい．まず，次がわかる．

■**命題 7** 関数 $x(t)$ は，ある $\sigma_0 \in \mathbb{R}$ に対して

$$\int_0^\infty |x(t)|e^{-\sigma_0 t}\,dt < \infty \tag{3.4}$$

であるとする．そのとき，$\sigma_0 < \operatorname{Re}[s]$ を満たすすべての $s \in \mathbb{C}$ に対して，$x(t)$ のラプラス変換 $X(s)$ は，複素変数 $s$ の関数として正則である．

**証明** $\operatorname{Re}[s] = \sigma$ とする．仮定より $t \geq 0$ ならば

$$e^{-\sigma t} \leq e^{-\sigma_0 t}$$

である．したがって

$$|X(s)| \leq \int_0^\infty |x(t)|e^{-\sigma t}\,dt \leq \int_0^\infty |x(t)|e^{-\sigma_0 t}\,dt < \infty$$

であるから，$s$ でラプラス変換は収束する．さらに，$X(s)$ を形式的に $s$ で微分すると

$$\frac{d}{ds}X(s) = -\int_0^\infty tx(t)e^{-st}\,dt \tag{3.5}$$

である．したがって，この式 (3.5) の右辺が収束すれば複素微分可能であるから，命題は証明されたことになる．そこで，次の不等式を考えよう．

$$\left|\int_0^\infty tx(t)e^{-st}\,dt\right| \leq \int_0^\infty t|x(t)|e^{-\sigma t}\,dt$$

$$= \int_0^\infty |x(t)|e^{-\sigma_0 t}te^{(\sigma_0-\sigma)t}\,dt \tag{3.6}$$

式 (3.6) の最後の式の中で $te^{(\sigma_0-\sigma)t}$ は，仮定より $\sigma_0 - \sigma < 0$ なので

$$\lim_{t\to\infty} te^{(\sigma_0-\sigma)t} = 0$$

であるから有界である．したがって，$|te^{(\sigma_0-\sigma)t}| \leq K$ となる定数 $K > $ が存在する．ゆえに

$$式 (3.6) の最後の式 \leq K\int_0^\infty |x(t)|e^{-\sigma_0 t}\,dt < \infty$$

であるから，式 (3.5) の右辺は収束する． □

> **定義 9（収束座標）** ラプラス変換 $\mathcal{L}[x(t)](s)$ が $\mathrm{Re}[s] > \alpha$ ならば収束し，$\mathrm{Re}[s] < \alpha$ ならば発散するような $\alpha \in \mathbb{R}$ を，関数 $x(t)$ の **収束座標** という．任意の $s \in \mathbb{C}$ に対して収束するとき，収束座標は $-\infty$ であるといい，すべての $s \in \mathbb{C}$ で発散するとき，収束座標は $\infty$ であるという．

命題 7 より収束座標が存在することは明らかであろう．

次に，理論に入る前に，簡単な，そして重要ないくつかの例を計算してみよう．

▶**例 18** $x(t) \equiv 1$ のとき，収束座標は $\alpha = 0$ で

$$\mathcal{L}[1](s) = \frac{1}{s} \tag{3.7}$$

である．なぜならば，$s = \sigma + i\omega$ とすると

$$\mathcal{L}[1](s) = \int_0^\infty e^{-st}\,dt = \int_0^\infty e^{-\sigma t} e^{-i\omega t}\,dt$$

である．したがって，この積分が収束するためには，被積分関数が $t \to \infty$ のとき 0 に収束することが必要であるが，そのためには $\sigma > 0$ でなければならない．また，$\sigma < 0$ ならば，この積分は発散する．すなわち，収束座標は $\alpha = 0$ である．そして，$\sigma > 0$ のとき

$$\int_0^\infty e^{-st}\,dt = \left[-\frac{1}{s}e^{-st}\right]_{t=0}^\infty = \frac{1}{s}$$

であるから，式 (3.7) は証明された．

▶**例 19** $n \in \mathbb{N}$ に対して $x(t) = t^n$ のとき，収束座標は $\alpha = 0$ で

$$\mathcal{L}[t^n](s) = \frac{n!}{s^{n+1}} \tag{3.8}$$

である．なぜならば，$s = \sigma + i\omega$ とすると

$$\int_0^\infty t^n e^{-st}\,dt = \int_0^\infty t^n e^{-\sigma t} e^{-i\omega t}\,dt \tag{3.9}$$

である．したがって，この積分が収束するためには，被積分関数が $t \to \infty$ のとき 0 に収束することが必要であるが，そのため $\sigma > 0$ でなければならない．また，$\sigma < 0$ ならばこの積分は発散する．したがって，収束座標は $\alpha = 0$ である．そこで，部分積分により次がわかる．

$$\int_0^\infty t^n e^{-st}\,dt = \left[-t^n \frac{1}{s}e^{-st}\right]_{t=0}^\infty + \frac{n}{s}\int_0^\infty t^{n-1}e^{-st}\,dt$$

$$= \frac{n}{s}\int_0^\infty t^{n-1}e^{-st}\,dt$$

$$= \frac{n}{s}\left[-t^{n-1}\frac{1}{s}e^{-st}\right]_{t=0}^\infty + \frac{n(n-1)}{s^2}\int_0^\infty t^{n-2}e^{-st}\,dt$$

以下同様に部分積分をくり返すことにより，式 (3.8) が示される．

▶例20　実数 $a>0$ に対して $x(t)=e^{at}$ とすると，収束座標は $\alpha=a$ で

$$\mathcal{L}[e^{at}](s) = \frac{1}{s-a} \tag{3.10}$$

である．なぜならば

$$\mathcal{L}[e^{at}](s) = \int_0^\infty e^{-st}e^{at}\,dt = \int_0^\infty e^{-(s-a)t}\,dt \tag{3.11}$$

である．そして，無限積分 (3.11) は

$$\mathrm{Re}[s-a] = \mathrm{Re}[s] - a > 0$$

である領域で収束し，$\mathrm{Re}[s]-a<0$ である領域で発散する．したがって，収束座標は $\alpha=a$ である．式 (3.11) より

$$\mathcal{L}[e^{at}](s) = \left[-\frac{1}{s-a}e^{-(s-a)t}\right]_{t=0}^\infty = \frac{1}{s-a}$$

である．以上より，式 (3.10) は証明された．

▶例21　$k\in\mathbb{R}$ を 0 でない定数とする．$x(t)=\sin kt$ とすると，収束座標は $\alpha=0$ で

$$\mathcal{L}[\sin kt](s) = \frac{k}{s^2+k^2} \tag{3.12}$$

である．また，$x(t)=\cos kt$ としても収束座標は $\alpha=0$ で

$$\mathcal{L}[\cos kt](s) = \frac{s}{s^2+k^2} \tag{3.13}$$

である．なぜならば

$$\mathcal{L}[\sin kt](s) = \int_0^\infty \sin kt\, e^{-st}\,dt \tag{3.14}$$

だからである．そして，$|\sin kt| \leq 1$ なので，無限積分 (3.14) は $\mathrm{Re}[s] > 0$ で収束し，$\mathrm{Re}[s] < 0$ で発散する．$\mathcal{L}[\cos kt](s)$ の収束座標が $\alpha = 0$ であることもまったく同様である．式 (3.14) は，部分積分により次がわかる．

$$\begin{aligned}
\mathcal{L}[\sin kt](s) &= \int_0^\infty \sin kt e^{-st}\, dt \\
&= \left[-\frac{1}{s}\sin kt e^{-st}\right]_{t=0}^\infty + \frac{k}{s}\int_0^\infty \cos kt e^{-st}\, dt \\
&= \frac{k}{s}\mathcal{L}[\cos kt](s)
\end{aligned} \tag{3.15}$$

同様に，部分積分によって次がわかる．

$$\begin{aligned}
\mathcal{L}[\cos kt](s) &= \int_0^\infty \cos kt e^{-st}\, dt \\
&= \left[-\frac{1}{s}\cos kt e^{-st}\right]_{t=0}^\infty - \frac{k}{s}\int_0^\infty \sin kt e^{-st}\, dt \\
&= \frac{1}{s} - \frac{k}{s}\mathcal{L}[\sin kt](s)
\end{aligned} \tag{3.16}$$

したがって，$S = \mathcal{L}[\sin kt](s)$，$C = \mathcal{L}[\cos kt](s)$ とおくと，式 (3.15), (3.16) より $S$, $C$ は次の連立一次方程式を満たすことがわかる．

$$\begin{cases} kC - sS = 0 \\ sC + kS = 1 \end{cases} \tag{3.17}$$

この連立方程式式 (3.17) を解いて，式 (3.12), (3.13) が得られる．

以上が，ラプラス変換を用いて微分方程式を解いたり，制御理論において安定性を調べたりするのに用いられる基本公式である．一方，次の**シフト公式**は，上の基本公式たちとは少し性質を異にするが，それらを運用する際にはきわめて便利なものである．

▶**例 22** $x(t)$ はラプラス変換可能とする．このとき任意の $a \in \mathbb{C}$ に対して，シフト公式

$$\mathcal{L}[e^{at}x(t)](s) = \mathcal{L}[x(t)](s-a) \tag{3.18}$$

が成立する．なぜならば

$$\begin{aligned}
\mathcal{L}[e^{at}x(t)](s) &= \int_0^\infty e^{at}x(t)e^{-st}\, dt \\
&= \int_0^\infty x(t)e^{-(s-a)t}\, dt = \mathcal{L}[x(t)](s-a)
\end{aligned}$$

だからである．

ラプラス変換は，フーリエ変換と異なり，上の六つの公式を組み合わせて具体的に計算を実行することが多い．したがって，これらの公式をラプラス変換表としてまとめておくと便利である．

表 3.1 ラプラス変換表

| $x(t)$ | $\mathcal{L}[x(t)](s)$ |
|---|---|
| $1$ | $1/s$ |
| $t^n$ | $n!/s^{n+1}$ |
| $e^{at}$ | $1/(s-a)$ |
| $\sin kt$ | $k/(s^2+k^2)$ |
| $\cos kt$ | $s/(s^2+k^2)$ |
| $e^{at}x(t)$ | $\mathcal{L}[x(t)](s-a)$ |

**練習問題 37** 次の関数のラプラス変換を求めよ．なお出力変数は $s$ とする．
（1） $f(t) = t^2 + 3t$ （2） $g(t) = e^{2t} - 4e^t$ （3） $h(t) = \sin 2t - 4\cos t$
（4） $\sin 2t - \cos\sqrt{2}t$ （5） $2e^{-t}\cos^2 t$ （6） $4\cosh^2 2t$

**練習問題 38** 付録 A.4 節「Maple チュートリアル」で解説している，コマンド laplace を使って自動的にラプラス変換を計算する方法で，練習問題 37 の六つの関数のラプラス変換を計算せよ．🖥

## 3.2 ラプラス変換の基本的性質

フーリエ変換と同様に，ラプラス変換を運用する場合に必要な基本的性質を列挙しておく．

**定理 16（ラプラス変換の基本的性質）** ラプラス変換に関して次が成立する．
1. （線形性）$x(t)$, $y(t)$ を，そのラプラス変換の収束座標がそれぞれ $\alpha \neq \infty$, $\beta \neq \infty$ である関数とし，$a$, $b$ を定数とする．そのとき $s > \max(\alpha, \beta)$ に対して

$$\mathcal{L}[ax(t) + by(t)](s) = a\mathcal{L}[x(t)](s) + b\mathcal{L}[y(t)](s) \tag{3.19}$$

が成立する．

2. （自己相似性）$c > 0$ を定数とする．$x(t)$ の収束座標を $\alpha$ とするとき $s > c\alpha$ に

対して

$$\mathcal{L}[x(ct)](s) = \frac{1}{c}\mathcal{L}[x(t)]\left(\frac{s}{c}\right) \tag{3.20}$$

が成立する．

**証明** 1 はほぼ明らかであろうから，2 だけを示す．

$$\begin{aligned}
\mathcal{L}[x(ct)](s) &= \int_0^\infty x(ct)e^{-st}\,dt \\
&= \int_0^\infty x(u)e^{-\frac{s}{c}u}\frac{1}{c}\,du \quad (\because 変数変換\ u=ct) \\
&= 式\,(3.20)\,の右辺
\end{aligned}$$

したがって，式 (3.20) が示された． □

次の二つの定理が，ラプラス変換による微分方程式の代数的解法の基礎をなすものである．

**定理 17（微分演算とラプラス変換）** $x(t)$ が微分可能で，$x(t)$ とその導関数 $x'(t)$ がともにラプラス変換可能ならば

$$\mathcal{L}[x'(t)](s) = s\mathcal{L}[x(t)](s) - x(0) \tag{3.21}$$

が成立する．さらに，$x(t)$ が $n$ 回微分可能で導関数 $x'(t), x''(t), \ldots, x^{(n)}(t)$ がラプラス変換可能ならば

$$\mathcal{L}[x^{(n)}(t)](s) = s^n \mathcal{L}[x(t)](s) - \sum_{j=0}^{n-1} s^j x^{(n-j-1)}(0) \tag{3.22}$$

が成立する．

**証明** 部分積分により次がわかる．

$$\begin{aligned}
\mathcal{L}[x'(t)](s) &= \int_0^\infty x'(t)e^{-st}\,dt \\
&= \left[x(t)e^{-st}\right]_{t=0}^\infty + s\int_0^\infty x(t)e^{-st}\,dt \\
&= -x(0) + s\mathcal{L}[x(t)](s)
\end{aligned}$$

したがって，式 (3.21) が証明できた．式 (3.22) は，式 (3.21) を繰り返し適用すればよい． □

**定理 18（積分演算とラプラス変換）** 積分演算について次が成立する．

$$\mathcal{L}\left[\int_0^t x(u)\,du\right](s) = \frac{1}{s}\mathcal{L}[x(t)](s) \tag{3.23}$$

**証明**

$$X(t) = \int_0^t x(u)\,du$$

とおけば $X'(t) = x(t)$ である．したがって，定理 17 より

$$\mathcal{L}[x(t)](s) = \mathcal{L}[X'(t)](s) = s\mathcal{L}[X(t)](s) - X(0) \tag{3.24}$$

が成立するが，明らかに $X(0) = 0$ であるから，式 (3.24) を $\mathcal{L}[X(t)](s)$ について解けば，式 (3.23) が証明される． □

**定理 19（ラプラス変換像の微分）** ラプラス変換像の導関数について次が成立する．

$$\mathcal{L}[(-t)^n x(t)](s) = \frac{d^n}{ds^n}\mathcal{L}[x(t)](s) \tag{3.25}$$

**証明** まず，$n = 1$ について示す．微分と積分の順序を交換すると，次がわかる．

$$\begin{aligned}
\mathcal{L}[-tx(t)](s) &= \int_0^\infty (-t)x(t)e^{-st}\,dt \\
&= \int_0^\infty x(t)\frac{\partial}{\partial s}e^{-st}\,dt \\
&= \frac{d}{ds}\int_0^\infty x(t)e^{-st}\,dt = \frac{d}{ds}\mathcal{L}[x(t)](s)
\end{aligned}$$

したがって，$n = 1$ に関して式 (3.25) が示された．一般の $n$ については，これを繰り返し適用すればよい． □

**練習問題 39** 次の関数のラプラス変換は，ラプラス変換表 3.1 には載っていないが，本節の基本的性質を用いてそれらを計算せよ．

(1) $f(t) = \sinh \omega t$ (2) $g(t) = e^{3t}\cos t$ (3) $h(t) = \int_0^t s^2 e^{-s}\,ds$

**練習問題 40** コマンド laplace を使って自動的にラプラス変換を計算する方法で，練習問題 39 の三つの関数のラプラス変換を計算せよ．

## 3.3 ラプラス逆変換

ラプラス変換は，関数 $x(t)$ に $\mathcal{L}[x(t)](s)$ を対応させる線形変換であった．では，この逆変換はどのようなものであろうか．逆変換が存在するためには，対応が 1 対 1 でなければならない．すなわち，関数 $x_1(t)$, $x_2(t)$ に対して

$$\mathcal{L}[x_1(t)](s) = \mathcal{L}[x_2(t)](s)$$

ならば，$x_1(t) = x_2(t)$ でなければならない．これを示すためには，ラプラス変換の線形性 (3.19) より

$$\mathcal{L}[x_1(t) - x_2(t)](s) = 0$$

ならば，$x_1(t) - x_2(t) = 0$ が成立することをいえばよい．さらに，$x(t) = x_1(t) - x_2(t)$ とおけば，1 対 1 は

$$\mathcal{L}[x(t)](s) = 0$$

ならば，$x(t) = 0$ が従うことといってもよい．そのことの厳密な証明はかなり難しいので，本書では省略するが，

$$\mathcal{L}[x(t)](s) = \int_0^\infty x(t) e^{-st}\, dt$$

と書いてみると，すべての $s$ について，この積分が 0 になるのは $x(t) = 0$ に限るというのは，かなり納得のできる事実であろう．1 対 1 のとき，逆に，ラプラス変換 $X(s) = \mathcal{L}[x(t)](s)$ に対して，もとの関数 $x(t)$ を対応させる変換を**ラプラス逆変換**といい，記号 $\mathcal{L}^{-1}$ で表す．すなわち

$$\mathcal{L}^{-1}[X(s)](t) = x(t) \tag{3.26}$$

である．ここでは逆変換を積分変換として，具体的に構成してみよう．

そのために，ラプラス変換 $\mathcal{L}[x(t)](s)$ とフーリエ変換の関連を見直してみよう．$s = \sigma + i\omega$ として $t \geq 0$ で定義された関数 $x(t)$ に対して，$\mathbb{R}$ 全体で定義された関数 $f(t)$ を

$$f(t) = \begin{cases} x(t) e^{-\sigma t} & (t \geq 0) \\ 0 & (t < 0) \end{cases} \tag{3.27}$$

で定義する．3.1 節のラプラス変換が存在するための条件 (3.3) は

$$\int_{-\infty}^\infty |f(t)|\, dt < \infty$$

となるが，これは，2.1 節の絶対積分可能条件 (2.5) にほかならない．すなわち，$\alpha$ を収束座標として $\sigma > \alpha$ をとめると

$$\mathcal{F}[f(t)](\omega) = \mathcal{L}[x(t)](\sigma + i\omega) = X(\sigma + i\omega)$$

であるから，$\mathcal{L}[x(t)](s)$ から関数 $x(t)$ を構成するには，まず，逆フーリエ変換を用いて $f(t)$ を構成してやればよい．すなわち，2.1 節の定理 12 のフーリエ反転公式 (2.6) より

$$f(t) = \frac{1}{2\pi} \int_{-\infty}^{\infty} X(\sigma + i\omega) e^{i\omega t} \, d\omega$$

である．ここで，$s = \sigma + i\omega$ で $\sigma$ が一定であることに注意すると

$$ds = i \, d\omega$$

である．したがって

$$f(t) = \lim_{\tau \to \infty} \frac{1}{2\pi i} \int_{\sigma - i\tau}^{\sigma + i\tau} X(s) e^{i\omega t} \, ds \tag{3.28}$$

であるが，この式 (3.28) は右辺がまだ $s$ だけで書けていないので不完全である．そこで，式 (3.27) に注意すると

$$x(t) e^{-\sigma t} = \lim_{\tau \to \infty} \frac{1}{2\pi i} \int_{\sigma - i\tau}^{\sigma + i\tau} X(s) e^{i\omega t} \, ds \tag{3.29}$$

であるから，この (3.29) を $x(t)$ について解くと

$$\begin{aligned}
x(t) &= \lim_{\tau \to \infty} e^{\sigma t} \frac{1}{2\pi i} \int_{\sigma - i\tau}^{\sigma + i\tau} X(s) e^{i\omega t} \, ds \\
&= \lim_{\tau \to \infty} \frac{1}{2\pi i} \int_{\sigma - i\tau}^{\sigma + i\tau} X(s) e^{(\sigma + i\omega) t} \, ds \\
&= \lim_{\tau \to \infty} \frac{1}{2\pi i} \int_{\sigma - i\tau}^{\sigma + i\tau} X(s) e^{st} \, ds \tag{3.30}
\end{aligned}$$

である．しかし，この式をみると何か変なところがある．まず，変数変換 $\omega \to s$ であるが，$\omega$ は実変数で $s$ は複素変数である．このような変換を行ったので，積分の上限と下限がそれぞれ $\sigma + i\tau$ と $\sigma - i\tau$ になってしまったわけである．これは，次のように解釈できる．すなわち，$s = \sigma + i\omega$ というのは複素平面内の $\sigma + i\tau$ と $\sigma - i\tau$ を結ぶ線分 $L$ の媒介変数表示と考えられる．すなわち，式 (3.30) の右辺の積分は線分 $L$ に沿っての複素線積分である．したがって，次が証明された．

**定理 20（ラプラス逆変換の積分表示）** $x(t)$ を収束座標 $-\infty \le \alpha < \infty$ の関数とする．ラプラス変換 $X(s) = \mathcal{L}[x(t)](s)$ に対して，ラプラス逆変換は $\sigma > \alpha$ として

$$x(t) = \lim_{\tau \to \infty} \frac{1}{2\pi i} \int_{\sigma - i\tau}^{\sigma + i\tau} X(s) e^{st} \, ds \tag{3.31}$$

が成立する．

**注意 4** ラプラス逆変換の積分を，記号的に

$$x(t) = \frac{1}{2\pi i} \int_{\sigma - i\infty}^{\sigma + i\infty} X(s) e^{st} \, ds$$

と書くこともある．ところで，ラプラス逆変換を計算するのに，この積分を直接計算することはほとんどない．実際には，ラプラス変換表 3.1（実際はもっと多くの場合を含む）を用いて計算するのが普通である．

▶**例 23（有理関数のラプラス逆変換）** $P(s)$, $Q(s)$ を実数係数の多項式として，有理関数

$$F(s) = \frac{P(s)}{Q(s)} \tag{3.32}$$

を考える．応用上，分子 $P(s)$ の次数が分母 $Q(s)$ の次数より低い場合を考える．また，分母の最高次係数は 1 として一般性を失わない．すなわち

$$P(s) = a_m s^m + a_{m-1} s^{m-1} + \cdots + a_0$$

$$Q(s) = s^n + b_{n-1} s^{n-1} + \cdots + b_1 s + b_0$$

で，$m < n$ である．まず，分母の多項式 $Q(s)$ を実数の範囲で因数分解する．

$$Q(s) = \prod_{i=1}^{\mu} (s - p_i)^{\lambda_i} \prod_{j=1}^{\nu} ((s - q_j)^2 + r_j^2)^{\rho_j} \tag{3.33}$$

ここに，$p_i$ ($i = 1, 2, \ldots, \mu$) および $q_j$, $r_j$ ($j = 1, 2, \ldots, \nu$) はすべて実数である．すると，次のように部分分数展開できるはずである．

$$\frac{P(s)}{Q(s)} = \sum_{i=1}^{\mu} \sum_{k=1}^{\lambda_i} \frac{\alpha_{ik}}{(s - p_i)^k} + \sum_{j=1}^{\nu} \sum_{l=1}^{\rho_j} \frac{\beta_{jl} s + \gamma_{jl}}{((s - q_j)^2 + r_j^2)^l} \tag{3.34}$$

そこで，この式 (3.34) の右辺を通分して，式 (3.32) の $P(s)$ と等しいとおくと，係数 $\alpha_{ik}$ ($i = 1, 2, \ldots, \mu$, $k = 1, 2, \ldots, \lambda_i$), $\beta_{jl}$, $\gamma_{jl}$ ($j = 1, 2, \ldots, \nu$, $l = 1, 2, \ldots, \rho_j$)

に関する連立一次方程式を得る．そして，その連立方程式を解いて係数 $\alpha_{ik}$, $\beta_{jl}$, $\gamma_{jl}$ を決定すればよい．上の表示 (3.34) の係数の決定プロセスは難しいものではないが，複雑なのは確かなので，次の実例で理解しよう．例として

$$P(s) = s^2 + 1, \quad Q(s) = (s-1)^2((s-1)^2 + 1) \tag{3.35}$$

を考えよう．すなわち

$$\begin{aligned}
\frac{P(s)}{Q(s)} &= \frac{s^2 + 1}{(s-1)^2((s-1)^2 + 1)} \\
&= \frac{\alpha_1}{s-1} + \frac{\alpha_2}{(s-1)^2} + \frac{\beta s + \gamma}{(s-1)^2 + 1}
\end{aligned} \tag{3.36}$$

である．式 (3.36) の最後の式を通分したものの分子を計算する．

式 (3.36) の最後の式を通分したものの分子

$$= \alpha_1(s-1)(s^2 - 2s + 2) + \alpha_2(s^2 - 2s + 2) + (\beta s + \gamma)(s-1)^2$$
$$= (\alpha_1 + \beta)s^3 + (-3\alpha_1 + \alpha_2 - 2\beta + \gamma)s^2$$
$$\quad + (4\alpha_1 - 2\alpha_2 + \beta - 2\gamma)s + (-2\alpha_1 + 2\alpha_2 + \gamma)$$

これが $s^2 + 1$ に等しいのだから，係数比較をして次の連立一次方程式系を得る．

$$\begin{cases}
\alpha_1 + \beta = 0 \\
-3\alpha_1 + \alpha_2 - 2\beta + \gamma = 1 \\
4\alpha_1 - 2\alpha_2 + \beta - 2\gamma = 0 \\
-2\alpha_1 + 2\alpha_2 + \gamma = 1
\end{cases} \tag{3.37}$$

これを解いて

$$\alpha_1 = 2, \quad \alpha_2 = 2, \quad \beta = -2, \quad \gamma = 1$$

を得る．すなわち

$$\frac{P(s)}{Q(s)} = \frac{2}{s-1} + \frac{2}{(s-1)^2} + \frac{-2s+1}{(s-1)^2 + 1} \tag{3.38}$$

がわかった．

▶例 24（Maple による部分分数展開）🖥

例 23 でみたような部分分数展開は，ラプラス逆変換にとって本質的な問題でないにもかかわらず，難しくはないが，かなりな計算を要し面倒な部分である．この

ような問題には Maple で対処したい．それに対して，Maple は非常に便利な機能をもっているからである．

まず，部分分数展開する関数を定義する．そのために，次をキーボード入力し Enter キーを押す．

$$f := \frac{s^2 + 1}{(s-1)^2 * ((s-1)^2 + 1)}$$

このプロセスは必ずしも必要ではなく，次のコマンド列の f の部分に直接入力してもよいが，個々のコマンド列はできるだけシンプルにしたほうが，入力ミスが防げるので，この方法を推奨する．続いて

$$\mathrm{convert}(f, \mathrm{parfrac}, s)$$

と入力し，Enter キーを押すと

$$\frac{-2s+1}{s^2 - 2s + 2} + \frac{2}{(s-1)^2} + \frac{2}{s-1}$$

という部分分数展開を得る．

例 23 からわかるように，分子の次数が分母の次数より低い有理関数を部分分数展開すると

$$\frac{\alpha_i}{(s-p)^i} \quad (i = 1, 2, \ldots)$$

$$\frac{\beta_j s + \gamma_j}{((s-q)^2 + r^2)^j} \quad (j = 1, 2, \ldots)$$

の和になっている．したがって，ラプラス逆変換の計算では，各部分分数のラプラス逆変換を計算しておくと便利である．

■**命題 8** 任意の $p \in \mathbb{R}$, $n \in \mathbb{Z}_+$ に対して

$$\mathcal{L}^{-1}\left[\frac{1}{(s-p)^{n+1}}\right](t) = \frac{1}{n!} e^{pt} t^n \tag{3.39}$$

が成立する．

**証明** 表 3.1 より

$$\mathcal{L}^{-1}\left[\frac{1}{s^{n+1}}\right](t) = \frac{1}{n!} t^n$$

である．また，公式 (3.18) より

$$\mathcal{L}\left[\frac{1}{n!}e^{pt}t^n\right](s) = \frac{1}{n!}\mathcal{L}[t^n](s-p) = \frac{1}{n!}\frac{n!}{(s-p)^{n+1}}$$

であるから，式 (3.39) が示された． □

**練習問題 41** 次の有理関数のラプラス逆変換を求めよ．

(1) $X(s) = \dfrac{s^2 + s - 2}{s^2(s-2)}$  (2) $Y(s) = \dfrac{1}{s^2 - 1}$  (3) $Z(s) = \dfrac{2}{s^3 - s^2}$

**練習問題 42** 付録 A.4 節「Maple チュートリアル」で解説している，コマンド invlaplace を使って自動的にラプラス逆変換を計算する方法で，練習問題 41 の三つの関数のラプラス逆変換を計算せよ．🖥

## 3.4 ラプラス変換と微分方程式

本節では，ラプラス変換を利用して常微分方程式を代数的に解くことを学ぶ．あまり一般化しても応用上意味がないので，電気回路学などへの応用が多い，非同次 2 階定数係数常微分方程式に対する初期値問題を考える．すなわち，$x = x(t)$ に対する方程式

$$a\frac{d^2x}{dt^2} + b\frac{dx}{dt} + cx = f(t), \quad x(0) = \alpha, \quad x'(0) = \beta \tag{3.40}$$

を考える．

$$X(s) = \mathcal{L}[x(t)](s)$$
$$F(s) = \mathcal{L}[f(t)](s)$$

とおく．式 (3.40) をラプラス変換し，ラプラス変換の線形性 (3.19) を用いると

$$\mathcal{L}[ax'' + bx' + cx](s) = a\mathcal{L}[x''](s) + b\mathcal{L}[x'](s) + c\mathcal{L}[x](s) \tag{3.41}$$

となる．式 (3.21) や式 (3.22) を用いると

$$\begin{aligned}\mathcal{L}[x'](s) &= sX(s) - \alpha \\ \mathcal{L}[x''](s) &= s^2 X(s) - \alpha s - \beta\end{aligned} \tag{3.42}$$

となる．したがって，式 (3.40) は

$$a(s^2 X(s) - \alpha s - \beta) + b(sX(s) - \alpha) + cX(s) = F(s) \tag{3.43}$$

となる．この式 (3.43) を $X(s)$ について解くと

$$X(s) = \frac{\alpha(as+b) + a\beta}{as^2 + bs + c} + \frac{F(s)}{as^2 + bs + c} \tag{3.44}$$

がわかる．この式 (3.44) の両辺をラプラス逆変換すると

$$x(t) = \mathcal{L}^{-1}\left[\frac{\alpha(as+b) + a\beta}{as^2 + bs + c}\right](t) + \mathcal{L}^{-1}\left[\frac{F(s)}{as^2 + bs + c}\right](t) \tag{3.45}$$

となる．応用上，微分方程式 (3.40) の右辺 $f(t)$ は入力項であり，それは三角関数や指数関数，あるいはそれらの積であることが多い．すると，それらのラプラス変換は，表 3.1 のラプラス変換表をみてもわかるとおり，$s$ の有理関数である．すなわち，式 (3.44) の右辺は $s$ の有理関数である場合が多い．したがって，有理関数に対するラプラス逆変換は，応用の観点からはきわめて有用である．

▶**例 25（1 階方程式）** 1 階線形常微分方程式の初期値問題

$$\frac{dx}{dt} - x = \sin t, \quad x(0) = 0 \tag{3.46}$$

をラプラス変換で解いてみよう．式 (3.46) の両辺をラプラス変換すると，公式 (3.21) とラプラス変換表 3.1 より，次を得る．

$$s\mathcal{L}[x](s) - \mathcal{L}[x](s) = \frac{1}{s^2 + 1} \tag{3.47}$$

したがって

$$\mathcal{L}[x](s) = \frac{1}{(s-1)(s^2+1)} \tag{3.48}$$

である．そこで，式 (3.48) の右辺を部分分数展開する．

$$\begin{aligned}
\text{式 (3.48) の右辺} &= \frac{A}{s-1} + \frac{Bs+C}{s^2+1} \\
&= \frac{(A+B)s^2 + (-B+C)s + A - C}{(s-1)(S^2+1)} \\
&= \frac{1}{(s-1)(s^2+1)}
\end{aligned} \tag{3.49}$$

この式 (3.49) の分子を見比べると，$A$, $B$, $C$ に関する連立一次方程式を得る．

$$\begin{cases} A + B = 0 \\ B - C = 0 \\ A - C = 1 \end{cases} \tag{3.50}$$

この連立一次方程式 (3.50) を解いて

$$A = \frac{1}{2}, \quad B = -\frac{1}{2}, \quad C = -\frac{1}{2}$$

がわかる．したがって

$$\mathcal{L}[x](s) = \frac{1}{2}\left(\frac{1}{s-1} - \frac{s+1}{s^2+1}\right)$$

$$= \frac{1}{2}\frac{1}{s-1} - \frac{1}{2}\frac{s}{s^2+1} - \frac{1}{2}\frac{1}{s^2+1} \tag{3.51}$$

となる．ラプラス変換表 3.1 より，次を得る．

$$\mathcal{L}^{-1}\left[\frac{1}{2}\frac{1}{s-1}\right](t) = \frac{1}{2}e^t$$

$$\mathcal{L}^{-1}\left[\frac{1}{2}\frac{s}{s^2+1}\right](t) = \frac{1}{2}\cos t \tag{3.52}$$

$$\mathcal{L}^{-1}\left[\frac{1}{2}\frac{1}{s^2+1}\right](t) = \frac{1}{2}\sin t$$

式 (3.51)，(3.52) より

$$x(t) = \frac{1}{2}(e^t - \cos t - \sin t)$$

がわかる．

次に，2 階方程式について説明する．

▶例 26（2 階方程式） 2 階線形常微分方程式の初期値問題

$$\frac{d^2x}{dt^2} - x = \sin t, \quad x(0) = 1, \quad x'(0) = 0 \tag{3.53}$$

を考える．式 (3.53) の両辺をラプラス変換すると，式 (3.43) とラプラス変換表 3.1 より

$$(s^2\mathcal{L}[x](s) - s) - \mathcal{L}[x](s) = \frac{1}{z^2+1} \tag{3.54}$$

である．したがって，この式 (3.54) を $\mathcal{L}[x](s)$ について解くと

$$\mathcal{L}[x](s) = \frac{s}{s^2-1} + \frac{1}{(s^2-1)(s^2+1)} \tag{3.55}$$

が成立する．よって

$$x(t) = \mathcal{L}^{-1}\left[\frac{s}{s^2-1} + \frac{1}{(s^2-1)(s^2+1)}\right] \tag{3.56}$$

である．あとは，式 (3.56) の右辺のラプラス逆変換を部分分数展開をして計算すればよい．したがって，部分分数展開を実行すると

$$\frac{s}{s^2-1} + \frac{1}{(s^2-1)(s^2+1)} = \frac{3}{4}\frac{1}{s-1} + \frac{1}{4}\frac{1}{s+1} - \frac{1}{2}\frac{1}{s^2+1}$$

であるから，ラプラス変換表 3.1 より

$$x(t) = \frac{3}{4}e^t + \frac{1}{4}e^{-t} - \frac{1}{4}\sin t$$

がわかる．

**練習問題 43** 次の $x = x(t)$ に関する微分方程式を，ラプラス変換を用いて解け．なお，部分分数展開は Maple などを利用してもよい．

(1) $\dfrac{dx}{dt} - 4x = e^t$, $x(0) = 1$

(2) $\dfrac{dx}{dt} + x = te^{-t}$, $x(0) = -1$

(3) $\dfrac{d^2x}{dt^2} + \dfrac{dx}{dt} - 2x = \sin t$, $x(0) = 1$, $x'(0) = 1$

(4) $\dfrac{d^2x}{dt^2} + \dfrac{dx}{dt} + x = e^{-2t}$, $x(0) = 1$, $x'(0) = 0$

### ◆章末問題◆

3.1 次の関数のラプラス変換を求めよ．

  (1) $(t^2 - 1)e^{3t}$　　(2) $e^{-2t}\cos t$　　(3) $t^3 \sin t$

3.2 次の関数のラプラス逆変換を求めよ．

  (1) $\dfrac{1}{s-2} + \dfrac{1}{(2s+1)^2}$　　(2) $\dfrac{2s^2+1}{s(s^2-4)}$　　(3) $\dfrac{s+1}{s(s^2+s+1)}$

3.3 次の微分方程式を，ラプラス変換を用いて解け（ラプラス変換をし，式を整理するところまでは手計算で行い，最後にラプラス逆変換を Maple で実行するとよい）．

  (1) $\dfrac{d^2x}{dt^2} - 3\dfrac{dx}{dt} + 2x = \sin t$, $x(0) = 2$, $x'(0) = -1$

  (2) $\dfrac{d^2x}{dt^2} + 2\dfrac{dx}{dt} + 3x = -2e^{2t}$, $x(0) = 1$, $x'(0) = -1$

  (3) $\dfrac{d^2x}{dt^2} + \dfrac{dx}{dt} - x = t^3$, $x(0) = 0$, $x'(0) = -1$

# 付録
# Maple入門

## A.1 数式処理システム —Maple—

本書では,さまざまな場面で積極的に,数式処理システムの Maple を活用した.普遍性が求められる数学のテキストとしては,特定のソフトウェアパッケージとは独立であることが望ましいことはいうまでもないが,本書では,現時点で一定の普遍的なソフトウェアとして評価の高いシステムである Maple を扱うことにした.もちろん,そのほか,評価の高い Mathematica や,歴史的な Macsyma の流れをくむフリーの Maxima でもほぼ同様のことができる.ただ,それらすべての解説をすると膨大なページ数を要し,教科書としてはあまり望ましくはない.少しの工夫でほかのソフトウェアへ移植することも,コンピュータリテラシーの一環ともいえるという観点から,本書では Maple 一本に絞ることとした.

最初に,Maple の使い方の基本を簡単に説明する.まず,Maple をインストールすると作られる,Maple のアイコンをダブルクリックすると図 A.1 が現れる.Maple はこのワークシートをワードプロセッサのようにキーボードや左に現れるいくつかのパレットを使って入力し作業を行う.Maple は非常に強力な計算機能をもち,上達すると,高度なプログラミングも可能である.しかし,本書ではそのような使い方ではなく,単純に,電卓のような感覚で数学の高度な計算を行う.まず,そのような使い方

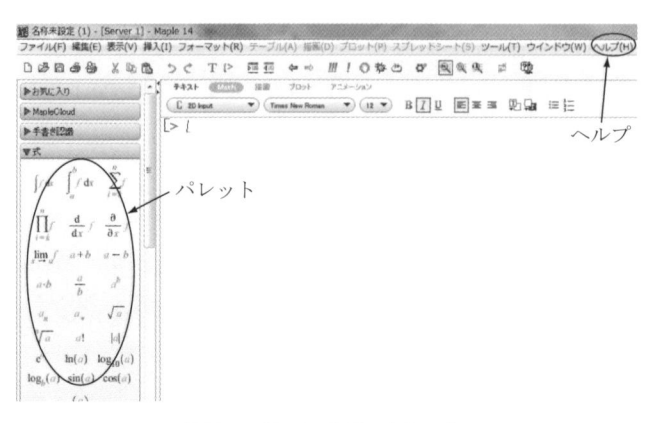

図 A.1　Maple のワークシート

で Maple でできることを列挙してみよう．
1. 初等的だが複雑な計算．
2. 計算結果の可視化．
3. 手軽な数値計算．

▶例 A.1（初等的だが複雑な計算） たとえば，$(a+b)^{20}$ を手で計算することは，パスカルの三角形でも利用すればできなくはないが，面倒きわまりないことは事実である．そこで，次のように入力する．

$$\text{expand}((a+b)^{20}); \tag{A.1}$$

続いて Enter キーを押すと，次のように出力される．

$$a^{20} + 20ba^{19} + 190b^2a^{18} + 1140b^3a^{17} + 4845b^4a^{16}$$
$$+ 15504b^5a^{15} + 38760b^6a^{14} + 77520b^7a^{13} + 125970b^8a^{12}$$
$$+ 167960b^9a^{11} + 184756b^{10}a^{10} + 167960b^{11}a^9 + 125970b^{12}a^8$$
$$+ 77520b^{13}a^7 + 38760b^{14}a^6 + 15504b^{15}a^5 + 4845b^{16}a^4$$
$$+ 1140b^{17}a^3 + 190b^{18}a^2 + 20b^{19}a + b^{20}$$

このような計算を紙と鉛筆でやる気は起こらないし，やったとしても，必ず間違ってしまうだろう．だから，こんなことはコンピュータに任せるに限る．

▶例 A.2（計算結果の可視化） 級数で定義される関数

$$f(x) = \sum_{n=1}^{\infty} \frac{4}{(2n-1)\pi} \sin((2n-1)x)$$

を考えよう．フーリエ解析を学習していると，このような関数は随所に現れる．この関数のグラフは図 A.2 のようになるが，手計算だけでは，正直いって想像もつかない．そこで，コンピュータの常で無限は苦手だろうからと考え，総和の上限の $\infty$ を有限に，たとえば，1000 にかえた

$$g(x) = \sum_{n=1}^{1000} \frac{4}{(2n-1)\pi} \sin((2n-1)x) \tag{A.2}$$

を考えよう．Maple を立ち上げて

$$\text{plot}(\sum_{n=1}^{1000} \frac{4}{(2n-1)\pi} \sin((2n-1)x), x = -2*\pi..2*\pi, \text{color} = \text{black}); \tag{A.3}$$

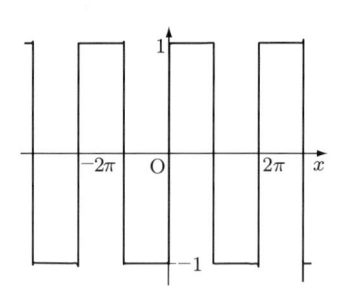

図 A.2　関数 (A.2) のグラフ

と入力して Enter キーを押すと[1])，図 A.2 と同様のグラフが得られる．コマンド (A.3) のような入力は難しそうだが，図 A.1 の左の欄のパレットから，対応する記号を選んでクリックして，ワークシート上によび出して入力すれば，簡単に実行可能である．

▶例 A.3（手軽な数値計算）　工学ではいたるところで，解けない微分方程式に出会う．その際，威力を発揮するのが数値解析である．本書の範囲は，あまりそれらとは関係ないが，Maple の威力を知ってもらうために，簡単に触れておく．たとえば，1 階連立常微分方程式

$$\begin{cases} \dfrac{d}{dt}x(t) = y(t) \\ \dfrac{d}{dt}y(t) = -x(t) \end{cases} \tag{A.4}$$

を初期条件 $x(0) = 1$, $y(0) = 0$ のもとで解く．もちろん，この問題は厳密解が存在して簡単に求められるが，ここでは数値解を求めてみよう．

$$\mathrm{dsys} := \{\frac{\mathrm{d}}{\mathrm{dt}}\mathrm{x(t)} = \mathrm{y(t)}, \frac{\mathrm{d}}{\mathrm{dt}}\mathrm{y(t)} = -\mathrm{x(t)}, \mathrm{x(0)} = 1, \mathrm{y(0)} = 0\}; \tag{A.5}$$

と入力して Enter キーを押すと，Maple はなにも返さずプロンプトが現れる．続いて

$$\mathrm{sol} := \mathrm{dsolve}(\mathrm{dsys}, \mathrm{numeric}); \tag{A.6}$$

と入力して Enter キーを押すと，今回も Maple はなにも返してこない．そこで

$$\mathrm{sol}(0.5); \tag{A.7}$$

と入力して Enter キーを押すと，今度は Maple は

$$\mathrm{t} = 0.5, \mathrm{x(t)} = 0.877582581051958078, \mathrm{y(t)} = -0.479425562022978480 \tag{A.8}$$

---

[1]　これは，矩形波関数のフーリエ多項式 (1.6) である．

と答えを返してくる．これが**数値解**である．入力 (A.5) は，方程式と初期条件を合わせたものに "dsys" という名前を付けたわけである．これは，決められたコマンド（命令）ではなく，何でもよい．(A.6) の右辺の "dsolve(dsys, numeric)" は，Maple のコマンドで「dsys という上で定義した微分方程式系を numeric というオプションのもとで解け」という命令を表す．そして，得られた数値解（関数）に sol という名前を付けたわけである．次に，コマンド (A.7) は「得られた数値解の関数 "sol" の $t = 0.5$ における値を求めよ」という命令を表している．すると，Maple は (A.8) の数値を返してくるわけである．

▶例 A.4（ヘルプの使い方）　Maple を使っていてわからないことがある場合，対処の仕方はいろいろある．

1. よく知っている人に教えてもらう．
2. 参考書を読む．
3. ヘルプを開く．

いずれもよい方法だが，最初の二つには欠点がある．1 は，当然だが，その人がいつもそばにいるとは限らない．2 は，コンピュータソフトウェアは日々新しくなっており，紙の出版物はそのスピードに追いつけないのが常である．したがって，残るは，最後のヘルプである．ヘルプの使い方は簡単で，図 A.1 の右上のメニューバーのヘルプのプルダウンメニューをクリックして開き，一番上にある「Maple ヘルプ」をクリックすると図 A.3 が開く．そして，その左の欄にあるダイアログボックスにキーワードを入力して検索ボタンをクリックすれば，さまざまな対応するファイルの一覧が表示されるので，そのファイルの解説をみて最適なものを選んで開けばよい．最も重要なのは「適切なキーワード」である．Maple は，残念ながら多くのキー

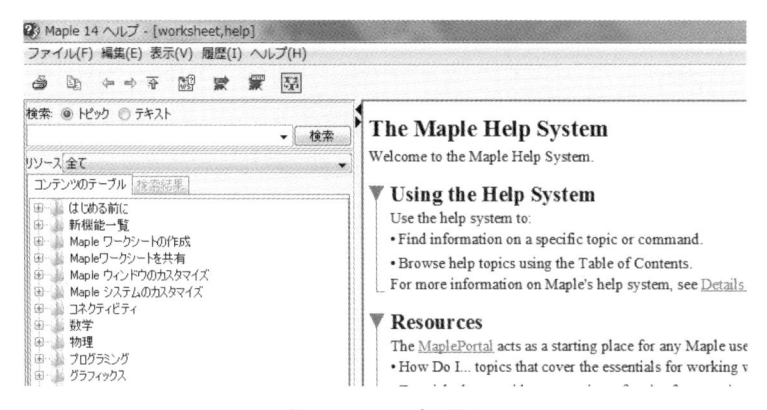

図 A.3　ヘルプの画面

ワードが英語なので，本書では各章に対応する「Maple チュートリアル」という節を設けて，そこでキーワードを紹介してある．しかし，Maple のコマンドは常識的な言葉になっていることが多いので，常識的な日本語の数学用語を和英辞書で英単語に直して検索すると，求めるコマンドを探し出すことができる．

▶例 A.5　例 A.1 のコマンド expand を知らずに，多項式を「展開」したいのならば，和英辞書で「展開」を調べる．その英訳「expand」をヘルプのダイアログボックスに入力し，検索ボタンを押すと，図 A.4 のような回答が得られる．多くの場合，ヘルプは非常に多くの内容を含むので，必要な項目だけを参照すればよい．

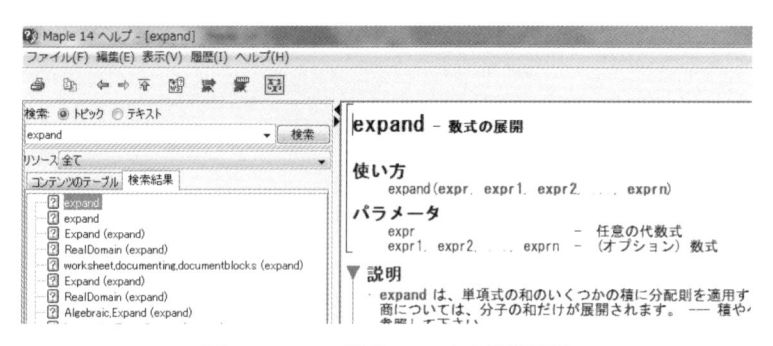

図 A.4　コマンド「expand」の説明画面

いずれにせよ，近年のコンピュータソフトウェアは，ユーザーフレンドリーにできているので，携帯メールを使うような感覚でいじっていると，いつのまにか使いこなせるようになる．**習うより慣れろ**である．

## A.2　Maple チュートリアル　―周期関数とフーリエ級数―

### I.　周期関数の和

周期関数の和は，安易に考えると周期関数になると思ってしまうが，一般にはそうではない．1.1 節の練習問題 3 がその例である．詳しくは，自分で考えた上で，解答を参照されたい．ここでは少し異なる視点で Maple を活用して，周期関数の和の面白い現象を解析する方法を解説する．

$f(x) = \sin x$, $g(x) = \sin 0.99x$ として，$f(x) + g(x)$ がどのような関数になるか想像してみよう．そして，想像しながら Maple をつかってグラフを描いてみよう．$-5 \leq x \leq 5$ の範囲のグラフは図 A.5（a）である．一見，$\sin x$ のグラフに酷似している．しかし，$x$ の範囲を拡げて $-500 \leq x \leq 500$ で描いてみると，まったく様子が違ってくる．それ

が，図 A.5 ( b ) である．激しく振動はしているが，包絡線は振幅が 2 のコサインカーブに似ている．理由は簡単で，次の加法乗法に直す公式

$$\sin\alpha + \sin\beta = 2\sin\left(\frac{\alpha+\beta}{2}\right)\cos\left(\frac{\alpha-\beta}{2}\right)$$

である．この公式で $\alpha = x$, $\beta = 0.99x$ とすると

$$\sin x + \sin 0.99x = 2\sin 0.995x \cos 0.005x$$

である．これが図 A.5 ( b ) の正体である．大きな包絡線のコサインカーブは $2\cos 0.005x$ で，細かく振動しているのが $\sin 0.99x$ で，図 A.5 ( a ) のグラフはこれを描写している．このような現象の解明は，Maple のような機能なしには考えられない．

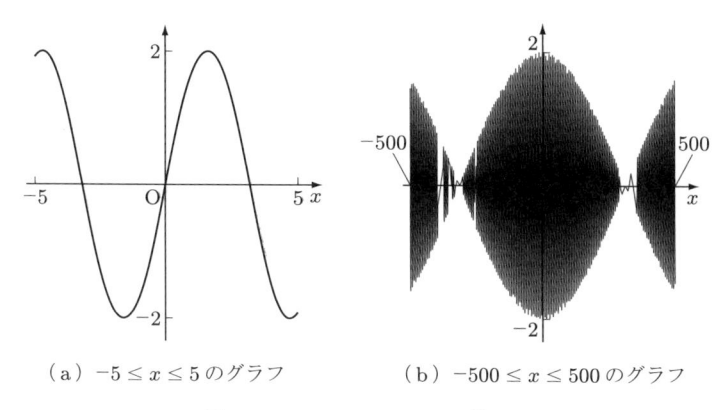

（a）$-5 \leq x \leq 5$ のグラフ    （b）$-500 \leq x \leq 500$ のグラフ

図 A.5 $\sin x + \sin 0.99x$ のグラフ

## II. フーリエ多項式のグラフ

フーリエ多項式のグラフを描くのに，p. 22 の脚注にある入力のように，plot 関数の引数に直接記入すると面倒なことが多い．ましてや，練習問題 17 のように，三つのグラフを同一座標に描くのはさらに面倒である．そこで，パレット入力で

$$f := (x, N) \mapsto \frac{1}{2} + \frac{1}{\pi} * \sum_{n=1}^{N} \frac{(-1)^{n+1}+1}{n} * \sin(n*x);$$

と入力して実行すると，2 変数関数 $f(x, N)$ が定義される．さらに，$f(x, 10)$, $f(x, 100)$, $f(x, 1000)$ を角かっこ [ ] で囲み

$$\mathrm{plot}([f(x,10), f(x,100), f(x,1000)], x=-2*\pi..2*\pi, \mathrm{color}=\mathrm{black});$$

（a）$-2\pi \leq x \leq 2\pi$ のグラフ

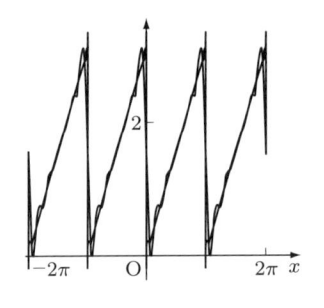

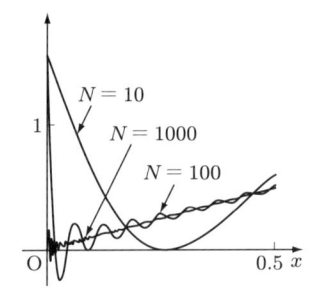

（b）$0 \leq x \leq 0.5$ のグラフ

図 A.6　練習問題 13 の三つのグラフ

と入力し実行すれば，図 A.6（a）のような同一座標に描かれた三つのグラフが得られる．このグラフの目的は，$N$ を変えることにより不連続点の近傍での近似の度合いを知ることなので，あまり広い範囲のグラフを描いても意味がない．実際，図 A.6（a）の三つのグラフは，ほとんど重なってしまっていて，比較ができない．そこで，$0 \leq x \leq 0.5$ にかえた

$$\mathrm{plot}([\mathrm{f(x, 10)}, \mathrm{f(x, 100)}, \mathrm{f(x, 1000)}], \mathrm{x} = 0\,..\,0.5, \mathrm{color} = \mathrm{black});$$

を実行すれば，図 A.6（b）のようなグラフが得られる．このように，Maple では引数の一部を書き換えて試行錯誤をすることで，現象を解析できる．

## A.3　Maple チュートリアル　―フーリエ変換―

この節では自動的にフーリエ変換を計算する方法を紹介する．

ヘルプで「fourier」を検索すると「fourier, inttrans」という項目がある．それによると，次のようにすると簡単にフーリエ変換が計算できることがわかる．まず，

$$\mathrm{with(inttrans)};$$

を実行してパッケージ inttrans をよび出す（inttrans は積分変換 = integral transformation を意味する）．その上で，expr を目的の関数として，次をキーボード入力して実行すれば，フーリエ変換を計算してくれる．

$$\mathrm{fourier(expr, x, k)};$$

実際，箱形関数を，パレット入力を使って

$$f(x) := x \mapsto \begin{cases} 1 & -1 < x < 1 \\ 0 & |x| \geq 1 \end{cases}$$

で定義して，キーボード入力を

$$\mathrm{fourier}(f(x), x, k);$$

として実行すると

$$\frac{2\sin(k)}{k}$$

を返してくる．これは当然のことだが，式 (2.14) の結果と一致する．

また

$$\mathrm{fourier}(e^{-|x|}, x, k);$$

を実行すると

$$\frac{2}{1+k^2}$$

を返してくる．これは例 15 で扱った例で，結果は式 (2.16) と一致する．これらは手で計算してもそれほど難しくないが

$$g(x) := x \mapsto \begin{cases} 1 - |x| & -1 < x < 1 \\ 0 & |x| \geq 1 \end{cases}$$

のフーリエ変換は，部分積分をくり返さなければならないので，手計算は結構やっかいである．しかし，Maple を利用すると，いとも簡単に計算できる．

$$\mathrm{fourier}(g(x), x, k);$$

とすると

$$4\frac{(\sin(1/2k))^2}{k^2}$$

と返してくる．このように，Maple は，フーリエ変換に関しても，非常に強力な計算機能をもっていることがわかる．

## A.4　Maple チュートリアル　—ラプラス変換—

**I.　自動的にラプラス変換を計算する方法**

　Maple ヘルプで「laplace」を検索すると，「laplace, inttrans」の項目で必要なことの多くが得られる．使い方は，まず

$$\text{with(inttrans)};$$

でパッケージをよび出す．これは，フーリエ変換とまったく同じである．そこで

$$\text{laplace(expr, t, s)};$$

とキーボード入力して実行するだけでよい．ここで，パラメータ expr は変換される関数で，t は expr がそれについて変換される変数，s はラプラス変換の変数である．

　たとえば，$f(t) = t^3 - 2*t$ のラプラス変換を出力変数 k で求めるには，with(inttrans); を実行した上で

$$\text{laplace}(t^3 - 2*t, t, k);$$

と入力し実行すると

$$\frac{6}{k^4} - \frac{2}{k^2}$$

がわかる．

**II.　自動的にラプラス逆変換を計算する方法**

　Maple ヘルプで「laplace」を検索すると，その最後に inttrans [invlaplace] というボタンがあるので，それをクリックすると，ラプラス逆変換についての項目が開く．使い方は，laplace と同様に，まず

$$\text{with(inttrans)};$$

でパッケージをよび出す．そこで

$$\text{invlaplace(expr, s, t)};$$

とキーボード入力して実行するだけでよい．ここに，パラメータ expr は変換される関数で，s は expr がそれについて変換される変数，t はラプラス逆変換の変数である．たとえば

$$X(s) = \frac{s+1}{s^2 - 2s + 3}$$

のラプラス逆変換を計算しよう．with(inttrans); を実行してパッケージを読み込んだあと

$$\mathrm{invlaplace}\left(\frac{\mathrm{s}+1}{\mathrm{s}^2 - 2*\mathrm{s} + 3}, \mathrm{s}, \mathrm{t}\right);$$

と入力して実行すると

$$\mathrm{e}^{\mathrm{t}}(\cos(\sqrt{2}\mathrm{t}) + \sqrt{2}\sin(\sqrt{2}\mathrm{t}))$$

が得られる．

# 練習問題・章末問題の略解と解説

## ■第1章

**練習問題1** $f_1(x)$, $f_2(x)$ がそれぞれ基本周期 $L_1$, $L_2$ の周期関数とするとき，

$$n_1 L_1 = n_2 L_2$$

となる整数が存在すると，$f_1(x) + f_2(x)$ は周期関数である．$n_1$, $n_2$ を既約にすると（共通因数で割っておくと），$L = n_1 L_1 = n_2 L_2$ が基本周期である．このことを使って考えると，次がわかる．

(1) $\cos 3x$ の基本周期は $\dfrac{2\pi}{3}$, $\sin 5x$ の基本周期は $\dfrac{2\pi}{5}$ である．

$$3 \cdot \frac{2\pi}{3} = 5 \cdot \frac{2\pi}{5} = 2\pi$$

なので，基本周期は $2\pi$ である．

(2) $3 \cdot \dfrac{2\pi}{6} = 4 \cdot \dfrac{2\pi}{8} = \pi$ なので，基本周期は $\pi$ である．

(3) $4 \cdot \dfrac{2\pi}{24} = \dfrac{2\pi}{6} = \dfrac{\pi}{3}$ なので，基本周期は $\dfrac{\pi}{3}$ である．

**練習問題2** 省略．

**練習問題3** $\sin x$ の基本周期は $2\pi$, $\cos\sqrt{2}x$ の基本周期は $\dfrac{2\pi}{\sqrt{2}} = \sqrt{2}\pi$ である．$\sin x + \cos\sqrt{2}x$ が周期関数とすると

$$n_1 \cdot 2\pi = n_2 \cdot \sqrt{2}\pi$$

となる整数 $n_1$, $n_2$ が存在する．すなわち，$\dfrac{n_2}{n_1} = \sqrt{2}$ で $\sqrt{2}$ が有理数になり，これは矛盾である．

**練習問題4** 加法公式より次がすぐわかる．

(1) $\sin x \sin y = \dfrac{1}{2}(\cos(x-y) - \cos(x+y))$

(2) $\cos x \cos y = \dfrac{1}{2}(\cos(x-y) + \cos(x+y))$

(3) $\sin x \cos y = \dfrac{1}{2}(\sin(x+y) + \sin(x-y))$

**練習問題5** (1) 倍角の公式 $\cos 2x = 2\cos^2 x - 1$ より，ただちにわかる．

(2) 倍角の公式 $\cos 2x = 1 - 2\sin^2 x$ より，ただちにわかる．

**練習問題6** 解図1がそのグラフである．周期関数でないことをみるには，ある程度広い範囲を描かないとわからない．ここでは $-50 \leq x \leq 50$ とした．

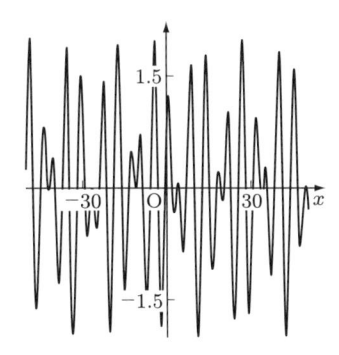

解図 1　$\sin x + \cos \sqrt{2}x$ のグラフ

**練習問題 7**　問題文のとおりにパレット入力すればよいので，省略．

**練習問題 8**　定義より $f(x)$ は偶関数なので，系 1 より $b_n = 0\ (n \in \mathbb{Z}_+)$ である．$n \in \mathbb{N}$ に対して，$a_n$ を計算する．

$$\begin{aligned}
a_n &= \frac{1}{\pi}\int_{-\pi}^{\pi} x^2 \cos nx\,dx \\
&= \frac{1}{\pi}\left[\frac{1}{n}x^2 \sin nx\right]_{-\pi}^{\pi} - \frac{2}{n\pi}\int_{-\pi}^{\pi} x\sin nx\,dx \\
&= -\frac{2}{n\pi}\left\{\left[-\frac{1}{n}x\cos nx\right]_{-\pi}^{\pi} + \frac{1}{n}\int_{-\pi}^{\pi}\cos nx\,dx\right\} \\
&= \frac{2}{n^2\pi}(\pi\cos n\pi + \pi\cos(-n\pi)) = \frac{4(-1)^n}{n^2}
\end{aligned}$$

ここで，$\cos n\pi = (-1)^n$ を使った．また

$$a_0 = \frac{1}{\pi}\int_{-\pi}^{\pi} x^2\,dx = \frac{1}{\pi}\left[\frac{1}{3}x^3\right]_{-\pi}^{\pi} = \frac{2\pi^2}{3}$$

である．したがって，

$$f(x) = \frac{\pi^2}{3} + 4\sum_{n=1}^{\infty}\frac{(-1)^n}{n^2}\cos nx$$

である．

**練習問題 9**　解図 2（a）〜（c）が，それぞれ $f(x,10)$, $f(x,100)$, $f(x,1000)$ のグラフである．

**練習問題 10**　定義より $g(x)$ は奇関数なので，$a_n = 0\ (n \in \mathbb{Z}_+)$ である．練習問題 8 の計算結果を利用すると，次がわかる．

$$\begin{aligned}
b_n &= \frac{1}{\pi}\int_{-\pi}^{\pi} x^3 \sin nx\,dx \\
&= \frac{1}{\pi}\left\{\left[-\frac{1}{n}x^3\cos nx\right]_{-\pi}^{\pi} + \frac{3}{n}\int_{-\pi}^{\pi} x^2 \cos nx\,dx\right\}
\end{aligned}$$

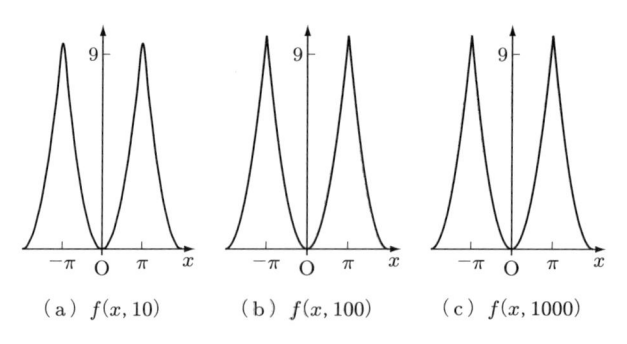

(a) $f(x, 10)$    (b) $f(x, 100)$    (c) $f(x, 1000)$

解図 2   $x^2$ のフーリエ多項式

$$= \frac{1}{\pi}\left\{-\frac{\pi^3}{n}\cos n\pi - \frac{(-\pi)^3}{n}(-\cos(-n\pi)) + \frac{3}{n}\cdot\pi\cdot\frac{4(-1)^n}{n^2}\right\}$$
$$= (-1)^{n+1}\left(\frac{2\pi^2}{n} - \frac{12}{n^3}\right)$$

すなわち

$$g(x) = \sum_{n=1}^{\infty}(-1)^{n+1}\left(\frac{2\pi^2}{n} - \frac{12}{n^3}\right)\sin nx$$

となる.

**練習問題 11**　解図 3（a）〜（c）がそれぞれ $g(x, 10)$, $g(x, 100)$, $g(x, 1000)$ のグラフである.

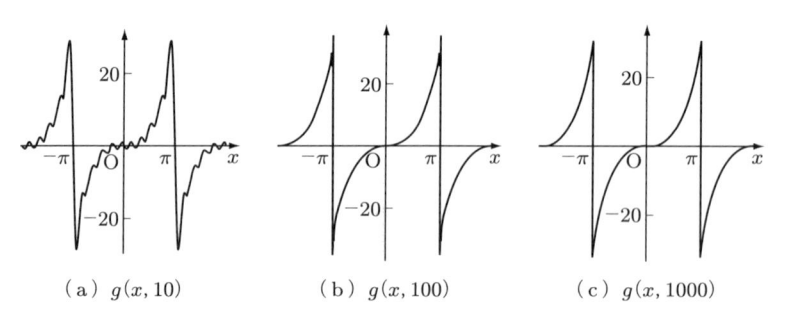

(a) $g(x, 10)$    (b) $g(x, 100)$    (c) $g(x, 1000)$

解図 3   $x^3$ のフーリエ多項式

**練習問題 12**　定義より

$$a_0 = \frac{1}{\pi}\int_{-\pi}^{\pi}h(x)\,dx = \frac{1}{\pi}\int_0^{\pi}x^2\,dx = \frac{1}{\pi}\left[\frac{1}{3}x^3\right]_0^{\pi} = \frac{\pi^2}{3}$$

$n \neq 0$ に対しては，部分積分により，次がわかる.

$$a_n = \frac{1}{\pi}\int_{-\pi}^{\pi}h(x)\cos nx\,dx = \frac{1}{\pi}\int_0^{\pi}x^2\cos nx\,dx$$

$$= \frac{1}{\pi}\left[\frac{1}{n}x^2 \sin nx\right]_0^\pi - \frac{2}{n\pi}\int_0^\pi x \sin nx\, dx = -\frac{2}{n\pi}\int_0^\pi x \sin nx\, dx$$

$$= -\frac{2}{n\pi}\left[-\frac{1}{n}x \cos nx\right]_0^\pi - \frac{2}{n^2\pi}\int_0^\pi \cos nx\, dx$$

$$= \frac{2}{n^2\pi}\pi \cos n\pi - \frac{2}{n^2\pi}\left[\frac{1}{n}\sin nx\right]_0^\pi = \frac{2\cos n\pi}{n^2}$$

ここで，$\cos n\pi = (-1)^n$ に注意しよう．この証明は，1.5 節の補題 2 で与えてあるが，ほぼ明らかであろう．したがって，$n \neq 0$ ならば

$$a_n = \frac{2(-1)^n}{n^2}$$

がわかる．同様に，部分積分を 2 回行うと

$$b_n = \frac{(-1)^{n+1}n^2\pi^2 + 2(-1)^n - 2}{n^3\pi}$$

がわかる．すなわち，フーリエ級数は次で与えられる．

$$h(x) = \frac{\pi^2}{6} + \sum_{n=1}^{\infty}\left(\frac{2(-1)^n}{n^2}\cos nx + \frac{1}{n^3\pi}((-1)^{n+1}n^2\pi^2 + 2(-1)^n - 2)\sin nx\right)$$

**練習問題 13** 解図 4 のグラフである．問題の関数は不連続点をもつため，$N = 10$ はもちろん，$N = 100$ でも不連続点での誤差が大きいことがわかる．ようやく，$N = 1000$ で，正確なグラフが再現されている．

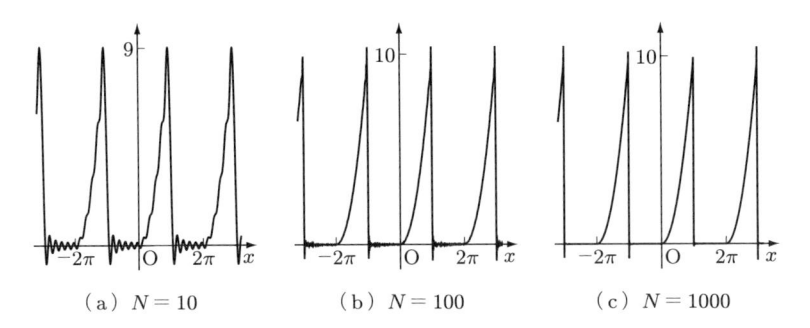

(a) $N = 10$　　　(b) $N = 100$　　　(c) $N = 1000$

解図 4　練習問題 13 のフーリエ多項式

**練習問題 14** $f(x)$，$g(x)$ のフーリエ級数は，それぞれ次で与えられる．

$$f(x) = \frac{4}{\pi}\sum_{m=1}^{\infty}\frac{(-1)^{m+1}}{(2m-1)^2}\sin(2m-1)x$$

$$g(x) = \frac{4}{\pi}\sum_{m=1}^{\infty}\frac{(-1)^{m+1}}{2m-1}\cos(2m-1)x$$

これらが項別微分，項別積分で移りあうのは明らかである．

**練習問題 15** もとの関数 $f(x)$, $g(x)$ と，フーリエ多項式のグラフ $f(x, N)$, $g(x, N)$ のグラフを，解図 5〜7 に示す．$f(x, 10)$ は，$f(x)$ のグラフをかなり正確に近似しているが，$g(x, 10)$ は $g(x)$ のグラフを近似していない．$N = 1000$ 程度でようやく正確なグラフになる．これは $f(x)$ を微分すると不連続関数になるからである．

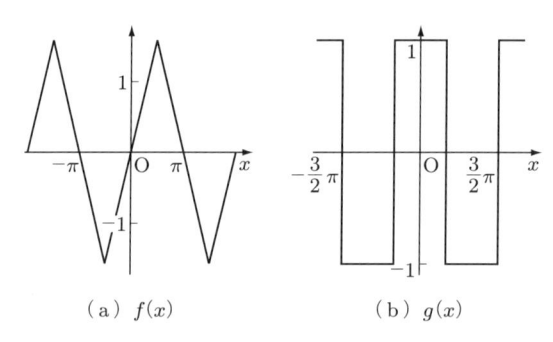

(a) $f(x)$　　　　　(b) $g(x)$

解図 5　練習問題 14 の関数 $f(x)$, $g(x)$

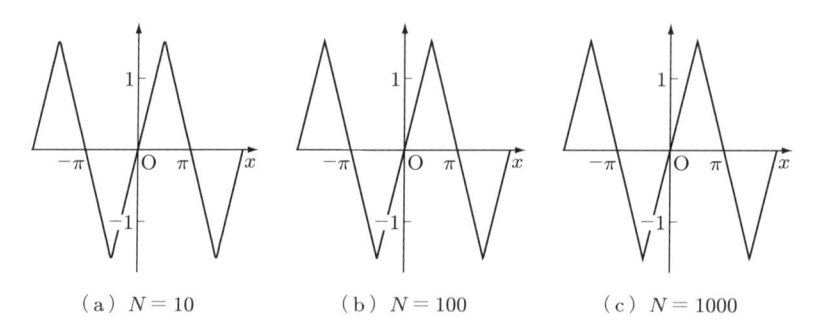

(a) $N = 10$　　(b) $N = 100$　　(c) $N = 1000$

解図 6　練習問題 15 の $f(x)$ のフーリエ多項式

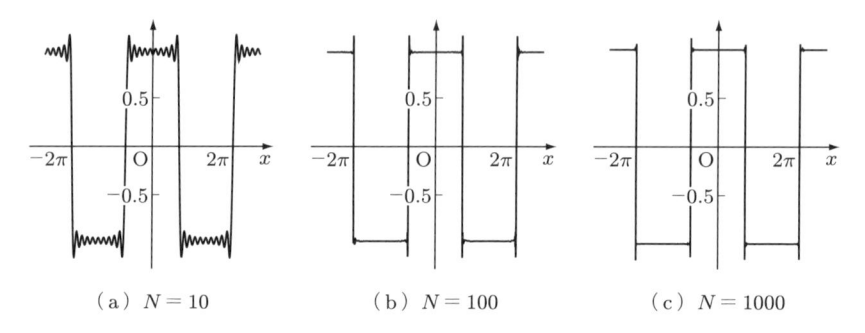

(a) $N = 10$　　(b) $N = 100$　　(c) $N = 1000$

解図 7　練習問題 15 の $g(x)$ のフーリエ多項式

練習問題 16 （1） 直接計算により，$a_0(f_k) = \dfrac{1+(-1)^k}{k+1}\pi^k$ がわかる．
（2） 部分積分により次がわかる．
$$a_n(f_k) = -\frac{k}{n}b_n(f_{k-1})$$
$$b_n(f_k) = \frac{(-1)^{n+1}+(-1)^{n+k}}{n}\pi^{k-1} + \frac{k}{n}a_n(f_{k-1})$$

練習問題 17　解図 8 参照．

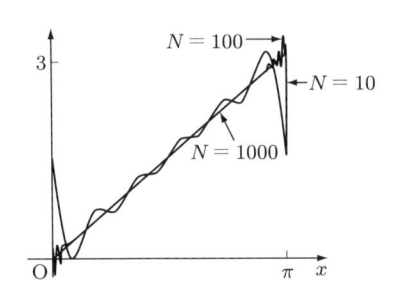

解図 8　練習問題 17 のグラフ

練習問題 18　最初に，$a_0$ から計算する．
$$a_0 = \frac{1}{\pi}\left(\int_0^\pi x\,dx + \int_\pi^{2\pi}(x-\pi)\,dx\right) = \pi$$

次に，$n \ne 0$ の場合を計算する．
$$a_n = \frac{1}{\pi}\left(\int_0^\pi x\cos nx\,dx + \int_\pi^{2\pi}(x-\pi)\cos nx\,dx\right)$$

そこで，第 1 項の積分を計算する．
$$\int_0^\pi x\cos nx\,dx = \left[\frac{1}{n}x\sin nx\right]_0^\pi - \frac{1}{n}\int_0^\pi \sin nx\,dx$$
$$= -\frac{1}{n}\left[-\frac{1}{n}\cos nx\right]_0^\pi = \frac{1}{n^2}(\cos n\pi - 1) = \frac{1}{n^2}((-1)^n - 1)$$

ここで，この節の最初の補題 2 を用いた．続いて，第 2 項の積分に対して，変数変換 $y = x-\pi$ を行う．
$$\int_\pi^{2\pi}(x-\pi)\cos nx\,dx = \int_0^\pi y\cos n(y+\pi)\,dy$$

ここで，上と同じく補題 2 に注意すると，
$$\cos n(y+\pi) = \cos ny\cos n\pi - \sin ny\sin n\pi = (-1)^n\cos ny$$

がわかる．したがって

$$a_n = \frac{1}{\pi}\left(\int_0^\pi x\cos nx\,dx + (-1)^n \int_0^\pi y\cos ny\,dy\right)$$
$$= \frac{1}{\pi}(1+(-1)^n)\int_0^\pi x\cos nx\,dx$$
$$= \frac{1}{n^2\pi}(1+(-1)^n)((-1)^n-1) = \frac{1}{n^2\pi}((-1)^{2n}-1) = 0$$

次に，$b_n$ を計算する．途中，$\sin n(y+\pi) = (-1)^n \sin ny$ に注意する．

$$b_n = \frac{1}{\pi}\left(\int_0^\pi x\sin nx\,dx + \int_\pi^{2\pi}(x-\pi)\sin nx\,dx\right)$$
$$= \frac{1}{\pi}\left(\int_0^\pi x\sin nx\,dx + \int_0^\pi y\sin n(y+\pi)\,dy\right) \quad (\because y = x-\pi)$$
$$= \frac{1}{\pi}(1+(-1)^n)\int_0^\pi x\sin nx\,dx$$
$$= \frac{1}{\pi}(1+(-1)^n)\left(\left[-\frac{1}{n}x\cos nx\right]_0^\pi + \frac{1}{n}\int_0^\pi \cos nx\,dx\right)$$
$$= \frac{1}{\pi}(1+(-1)^n)\left(-\frac{1}{n}\pi\cos n\pi + \frac{1}{n}\left[\frac{1}{n}\sin nx\right]_0^\pi\right)$$
$$= \frac{(-1)^{n+1}}{n}(1+(-1)^n) = \frac{1}{n}((-1)^{n+1}-1)$$

したがって，フーリエ級数は，

$$f(x) = \frac{\pi}{2} + \sum_{n=1}^\infty \frac{(-1)^{n+1}-1}{n}\sin nx$$

である．

**練習問題 19** 解図 9 のグラフである．問題の関数は不連続点をもつため，$N=10$ はもちろん，$N=100$ でも不連続点での誤差が大きいことがわかる．ようやく，$N=1000$ で，正確なグラフが再現されている．

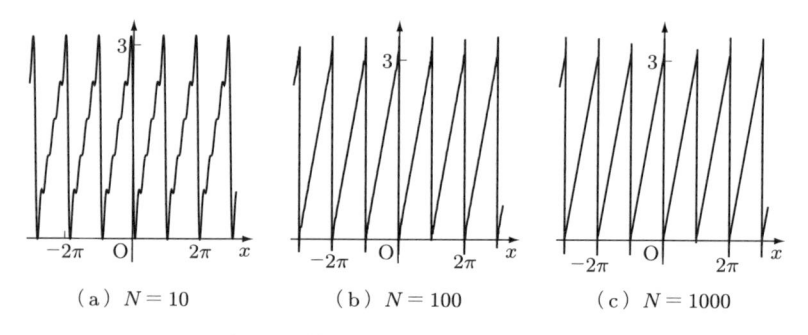

（a）$N=10$　　　　（b）$N=100$　　　　（c）$N=1000$

**解図 9**　練習問題 18 のフーリエ多項式

**練習問題 20**　$f(x) = \dfrac{1}{2} + 2\displaystyle\sum_{n=1}^{\infty} \dfrac{(-1)^n - 1}{\pi^2 n^2} \cos \pi nx$

**練習問題 21**　計算の概略を示す．$g(x)$ は奇関数なので，$a_n = 0$ である．

$$b_n = \dfrac{1}{2} \int_{-1}^{1} (e^x - e^{-x}) \sin \pi nx \, dx$$
$$= \dfrac{1}{2} \int_{-1}^{1} e^x \sin \pi nx \, dx - \dfrac{1}{2} \int_{-1}^{1} e^{-x} \sin \pi nx \, dx$$

変数変換 $y = -x$ により

$$\int_{-1}^{1} e^{-x} \sin \pi nx \, dx = -\int_{-1}^{1} e^y \sin \pi ny \, dy$$

ゆえに

$$b_n = \int_{-1}^{1} e^x \sin \pi nx \, dx$$
$$= \Big[ e^x \sin \pi nx \Big]_{-1}^{1} - \pi n \int_{-1}^{1} e^x \cos \pi nx \, dx$$
$$= -\pi n \Big[ e^x \cos \pi nx \Big]_{-1}^{1} - \pi^2 n^2 \int_{-1}^{1} e^x \sin \pi nx \, dx = (-1)^n \pi n (e^{-1} - e) - \pi^2 n^2 b_n$$

これを $b_n$ について解いて整理すると，次を得る．

$$g(x) = \sum_{n=1}^{\infty} \dfrac{(-1)^n \pi n}{1 + \pi^2 n^2} \left( \dfrac{1}{e} - e \right) \sin \pi nx$$

**練習問題 22**

$$a_0 = \int_{-1}^{1} (1 - x^2) \, dx = \left[ x - \dfrac{1}{3} x^3 \right]_{-1}^{1} = \left( 1 - \dfrac{1}{3} \right) - \left( -1 - \dfrac{1}{3}(-1)^3 \right) = \dfrac{4}{3}$$

続いて $n \neq 0$ の場合に，部分積分をくり返して，計算する．

$$a_n = \int_{-1}^{1} (1 - x^2) \cos \pi nx \, dx$$
$$= \left[ \dfrac{1}{n\pi} (1 - x^2) \sin \pi nx \right]_{-1}^{1} + \dfrac{2}{n\pi} \int_{-1}^{1} x \sin \pi nx \, dx$$
$$= \dfrac{2}{n\pi} \left[ -\dfrac{1}{n\pi} x \cos \pi nx \right]_{-1}^{1} + \dfrac{2}{n^2 \pi^2} \int_{-1}^{1} \cos \pi nx \, dx$$
$$= -\dfrac{4(-1)^n}{n^2 \pi^2} + \dfrac{2}{n^2 \pi^2} \left[ \dfrac{1}{n\pi} \sin \pi nx \right]_{-1}^{1} = \dfrac{4(-1)^{n+1}}{n^2 \pi^2}$$

偶関数なので $b_n = 0$ であるから，フーリエ級数は，

$$h(x) = \frac{2}{3} + \frac{4}{\pi^2} \sum_{n=1}^{\infty} \frac{(-1)^{n+1}}{n^2} \cos \pi n x$$

である．

**練習問題 23** 省略．

**練習問題 24** $e^{in\pi} = \cos n\pi + i \sin n\pi = \cos n\pi = (-1)^n$

**練習問題 25** 定義より，計算すれば次が得られる．

$$\begin{aligned}
c_n &= \frac{1}{2\pi} \int_{-\pi}^{\pi} \frac{e^x + e^{-x}}{2} e^{-inx} \, dx \\
&= \frac{1}{4\pi} \int_{-\pi}^{\pi} e^{(1-in)x} \, dx + \frac{1}{4\pi} \int_{-\pi}^{\pi} e^{-(1+in)x} \, dx \\
&= \frac{1}{4\pi} \left[ \frac{1}{1-in} e^{(1-in)x} - \frac{1}{1+in} e^{-(1+in)x} \right]_{-\pi}^{\pi} \\
&= \frac{(-1)^n}{2\pi(1+n^2)} \left( e^{\pi} - \frac{1}{e^{\pi}} \right)
\end{aligned}$$

**練習問題 26** 最初に，$a_0$ から計算する．

$$a_0 = \frac{1}{\pi} \int_{-\pi}^{\pi} x^2 \, dx = \left[ \frac{1}{3\pi} x^3 \right]_{-\pi}^{\pi} = \frac{1}{3\pi}(\pi^3 - (-\pi)^3) = \frac{2\pi^2}{3}$$

続いて，$n \neq 0$ の場合に，部分積分を 2 回繰り返して，$a_n$ を計算する．

$$\begin{aligned}
a_n &= \frac{1}{\pi} \int_{-\pi}^{\pi} x^2 \cos nx \, dx \\
&= \frac{1}{\pi} \left[ \frac{1}{n} x^2 \sin nx \right]_{-\pi}^{\pi} - \frac{2}{n\pi} \int_{-\pi}^{\pi} x \sin nx \, dx \\
&= -\frac{2}{n\pi} \left[ -\frac{1}{n} x \cos nx \right]_{-\pi}^{\pi} - \frac{2}{n^2\pi} \int_{-\pi}^{\pi} \cos nx \, dx \\
&= \frac{2}{n^2\pi} ((-1)^n \pi - (-1)^n(-\pi)) = \frac{4(-1)^n}{n^2}
\end{aligned}$$

一方，$f(x)$ が偶関数なので，1.3 節の命題 4 の系 1 より，$b_n = 0$ である．したがって，関数 $f(x)$ のフーリエ級数は，

$$f(x) = \frac{\pi^2}{3} + 4 \sum_{n=1}^{\infty} \frac{(-1)^n}{n^2} \cos nx$$

である．

**練習問題 27** 定義どおりの計算で，次がわかる．

$$f(x) = 2 \sum_{n=1}^{\infty} \frac{(-1)^{n+1}}{n} \sin nx$$

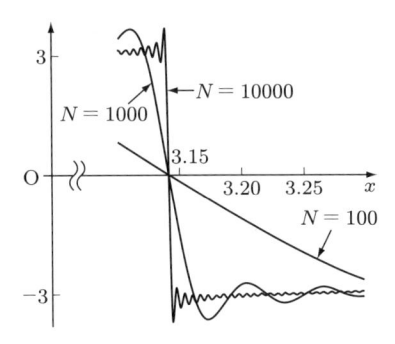

解図 10　練習問題 27 のグラフ

**練習問題 28**　グラフは解図 10 参照.

**練習問題 29**　式 (1.64) より $-\pi \leq x \leq \pi$ ならば

$$x^2 = \frac{\pi^2}{3} + 4\sum_{n=1}^{\infty} \frac{(-1)^n}{n^2} \cos nx$$

であるから，パーセバルの等式より

$$\int_{-\pi}^{\pi} x^4 \, dx = \pi \left\{ \frac{2}{9}\pi^4 + 16\sum_{n=1}^{\infty} \frac{1}{n^4} \right\}$$

である．左辺の積分はただちに計算できるので，両辺を $\pi$ で割ると次が得られる．

$$\frac{2}{5}\pi^4 = \frac{2}{9}\pi^4 + 16\sum_{n=1}^{\infty} \frac{1}{n^4} = \frac{2}{9}\pi^4 + 16S$$

これを $S$ について解いて整理すると

$$S = \frac{\pi^4}{90}$$

がわかる．Maple にパレットを用いて入力すると，同じ解が得られる.

**練習問題 30**　（1）　フーリエ余弦展開の公式より，次がわかる.

$$\begin{aligned} a_n &= \frac{2}{\pi} \int_0^{\pi} x \cos nx \, dx \\ &= \frac{2}{\pi} \left[ x \cdot \frac{1}{n} \sin nx \right]_0^{\pi} - \frac{2}{\pi n} \int_0^{\pi} \sin nx \, dx \\ &= \frac{2}{\pi n^2}((-1)^n - 1) \\ a_0 &= \frac{2}{\pi} \int_0^{\pi} x \, dx = \pi \end{aligned}$$

したがって
$$f_{\mathrm{ep}}(x) = \frac{\pi}{2} + \frac{2}{\pi} \sum_{n=1}^{\infty} \frac{(-1)^n - 1}{n^2} \cos nx$$

（2） （1）と同様に次が得られる．
$$f_{\mathrm{op}}(x) = 2 \sum_{n=1}^{\infty} \frac{(-1)^{n+1}}{n} \sin nx$$

**練習問題 31**　$f_{\mathrm{ep}}(x, 10)$, $f_{\mathrm{op}}(x, 10)$ のグラフは，それぞれ解図 11（a），（b）である．明らかにわかるように，$0 \leq x \leq \pi$ の間（この範囲だけが問題である！）では，余弦展開のほうが正弦展開よりもはるかに正確である．

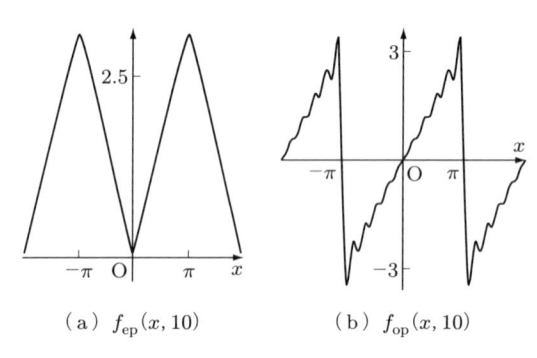

（a）$f_{\mathrm{ep}}(x, 10)$　　　　（b）$f_{\mathrm{op}}(x, 10)$

解図 11　$f_{\mathrm{ep}}(x)$, $f_{\mathrm{op}}(x)$ のフーリエ多項式

## 第 1 章章末問題

**1.1**　（1）偶関数なので，$b_n = 0$ である．
$$a_0 = \frac{2}{\pi} \int_0^{\pi} (-x^2 + \pi^2)\,dx = \frac{2}{\pi}\left[\left(-\frac{1}{3}x^3 + \pi^2 x\right)\right]_0^{\pi} = \frac{4}{3}\pi^2$$
$$a_n = \frac{2}{\pi} \int_0^{\pi} (-x^2 + \pi^2) \cos nx\,dx = -\frac{2}{\pi} \int_0^{\pi} x^2 \cos nx\,dx$$
$$= -\frac{2}{\pi}\left[\left(-\frac{2}{n}\right) \cdot x \left(-\frac{1}{n}\cos nx\right)\right]_0^{\pi} + \frac{2}{\pi} \cdot \frac{2}{n^2} \int_0^{\pi} \cos nx\,dx = \frac{4 \cdot (-1)^{n+1}}{n^2}$$

したがって，次の式を得る．
$$f(x) = \frac{2}{3}\pi^2 + 4 \sum_{n=1}^{\infty} \frac{(-1)^{n+1}}{n^2} \cos nx$$

（2）奇関数なので，$a_n = 0$ である．$b_n$ の計算は（1）と同様．結果は次で与えられる．
$$g(x) = 12 \sum_{n=1}^{\infty} \frac{(-1)^n}{n^3} \cos nx$$

（3） オイラーの公式より次がわかる．

$$\sin^3 x = \left(\frac{e^{ix} - e^{-ix}}{2i}\right)^3 = \frac{i}{8}(e^{3ix} - 3e^{ix} + 3e^{-ix} - e^{-3ix})$$

$$= \frac{i}{8}((\cos 3x + i\sin 3x) - 3(\cos x + i\sin x)$$

$$+ 3(\cos x - i\sin x) - (\cos 3x - i\sin 3x))$$

$$= \frac{3}{4}\sin x - \frac{1}{4}\sin 3x$$

同様に

$$\cos^3 x = \left(\frac{e^{ix} + e^{-ix}}{2}\right)^3 = \frac{3}{4}\cos x + \frac{1}{4}\cos 3x$$

であるから，次がわかる（これはただの指数関数の積の公式だけから求められたが，フーリエ級数の一意性よりフーリエ級数である）．

$$h(x) = \frac{3}{4}\cos x + \frac{3}{4}\sin x + \frac{1}{4}\cos 3x - \frac{1}{4}\sin 3x$$

**1.2** （1）についてだけ説明する．（2），（3）は同様なので省略する．
まず，上の解より

$$f(x, N) = \frac{2}{3}\pi^2 + 4\sum_{n=1}^{N} \frac{(-1)^{n+1}}{n^2}\cos nx$$

である．そこで，$f(x)$ と $f(x, 100)$ のグラフを同一座標 ($-\pi \leq x \leq 3\pi$) に描くと，解図 12 である．$f(x)$ と $f(x, 100)$ のグラフは完全に重なっていて区別がつかない．

**1.3** $f(x)$ の複素フーリエ係数は

$$c_n = \frac{1}{2\pi}\int_{-\pi}^{\pi} f(x)e^{-inx}\,dx$$

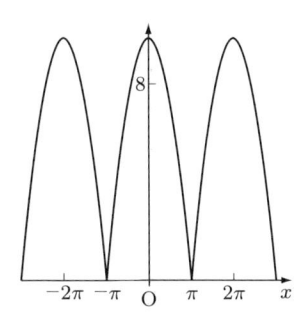

解図 12　章末問題 1.2 のグラフ

である．$f(x)$ は実数値なので，両辺の複素共役をとると

$$\overline{c_n} = \frac{1}{2\pi} \int_{-\pi}^{\pi} f(x) e^{inx} \, dx$$

であるが，$y = -x$ と変数変換すると $dx = -dy$，$f(-y) = f(y)$ より

$$\overline{c_n} = -\frac{1}{2\pi} \int_{\pi}^{-\pi} f(-y) e^{-iny} \, dy = \frac{1}{2\pi} \int_{-\pi}^{\pi} f(y) e^{-iny} \, dy = c_n$$

であるから，$c_n$ は実数である．

**1.4** 1.3 とまったく同じなので，省略．

**1.5** 偶関数なので，$b_n = 0$ である．

$$a_0 = \frac{2}{\pi} \int_0^{\pi} \sin x \, dx = \frac{2}{\pi} \Big[ -\cos x \Big]_0^{\pi} = \frac{4}{\pi}$$

$$a_1 = \frac{2}{\pi} \int_0^{\pi} \sin x \cos x \, dx = \frac{2}{\pi} \int_0^{\pi} \frac{1}{2} \sin 2x \, dx = 0$$

$n \geq 2$ に対しては，次が成立する．

$$a_n = \frac{2}{\pi} \int_0^{\pi} \frac{1}{2} (\sin(n+1)x - \sin(n-1)x) \, dx$$

$$= \frac{1}{\pi} \left[ -\frac{1}{n+1} \cos(n+1)x - \frac{1}{n-1} \cos(n-1)x \right]_0^{\pi}$$

$$= \frac{2((-1)^{n+1} - 1)}{\pi(n^2 - 1)}$$

したがって

$$f(x) = \frac{2}{\pi} + \frac{2}{\pi} \sum_{n=2}^{\infty} \frac{(-1)^{n+1} - 1}{n^2 - 1} \cos nx$$

である．

**1.6**

$$a_0 = \int_{-1}^{1} x^2 \, dx = \left[ \frac{1}{3} x^3 \right]_{-1}^{1} = \frac{1}{3} (1 - (-1)^3) = \frac{2}{3}$$

$$a_n = \int_{-1}^{1} x^2 \cos \pi nx \, dx = \left[ \frac{1}{n\pi} x^2 \sin \pi nx \right]_{-1}^{1} - \frac{2}{n\pi} \int_{-1}^{1} x \sin \pi nx \, dx$$

$$= -\frac{2}{n\pi} \left[ -\frac{1}{n\pi} x \cos \pi nx \right]_{-1}^{1} - \frac{2}{n^2 \pi^2} \int_{-1}^{1} \cos \pi nx \, dx$$

$$= \frac{2}{n^2 \pi^2} (\cos(\pi n) - (-1) \cos(-n\pi)) - \frac{2}{n^2 \pi^2} \left[ \frac{1}{n\pi} \sin \pi nx \right]_{-1}^{1} = \frac{4(-1)^n}{n^2 \pi^2}$$

偶関数なので $b_n = 0$ である．したがって，フーリエ級数は

$$f(x) = \frac{1}{3} + \sum_{n=1}^{\infty} \frac{4(-1)^n}{n^2\pi^2} \cos \pi n x$$

である．

**1.7** （1） フーリエ余弦級数の定義式に代入して $a_n$ を計算する．

$$a_0 = \frac{2}{\pi} \int_0^{\pi} (x+1)\,dx = \frac{2}{\pi} \left[\frac{1}{2}(x+1)^2\right]_0^{\pi} = \frac{1}{\pi}(\pi+1)^2 - \frac{1}{\pi} = \pi + 2$$

$$a_n = \frac{2}{\pi} \int_0^{\pi} (x+1) \cos nx\,dx = \frac{2}{\pi} \left[\frac{1}{n}(x+1)\sin nx\right]_0^{\pi} - \frac{2}{n\pi} \int_0^{\pi} \sin nx\,dx$$

$$= -\frac{2}{n\pi} \left[-\frac{1}{n}\cos nx\right]_0^{\pi} = \frac{2}{n^2\pi}(\cos n\pi - 1) = \frac{2}{n^2\pi}((-1)^n - 1)$$

したがって，フーリエ余弦級数 $f_{\mathrm{ep}}(x)$ は

$$f_{\mathrm{ep}}(x) = \frac{1}{2}(\pi+2) + \frac{2}{\pi} \sum_{n=1}^{\infty} \frac{1}{n^2}((-1)^n - 1)\cos nx$$

である．

（2） フーリエ正弦級数の定義式に代入して，$b_n$ を計算する．部分積分は（1）の $a_n$ の計算と同様なので，詳細は省略する．

$$b_n = \frac{2}{\pi} \int_0^{\pi} (x+1) \sin nx\,dx = \frac{2}{\pi} \left[-\frac{1}{n}(x+1)\cos nx\right]_0^{\pi} + \frac{2}{n\pi} \int_0^{\pi} \cos nx\,dx$$

$$= \frac{2}{n\pi}((-1)^{n+1}(\pi+1) + 1)$$

したがって，フーリエ正弦級数 $f_{\mathrm{op}}(x)$ は

$$f_{\mathrm{op}}(x) = \frac{2}{\pi} \sum_{n=1}^{\infty} \frac{1}{n}((-1)^{n+1}(\pi+1) + 1) \sin nx$$

である．

（3） 同一座標に描いたグラフは解図 13 のとおりである．縦軸の 1 からまっすぐ伸びているのがフーリエ余弦多項式のグラフで，それにまとわりついているようなのがフーリエ正弦多項式のグラフである．ともに，直線 $y = x + 1$ の近似式だが，フーリエ余弦多項式のほうがフーリエ正弦多項式よりも，はるかに正確なのがよくわかる．

## ■第 2 章

**練習問題 32** （1） $f(x)$ を積分して，次がわかる．

$$\int_{-\infty}^{\infty} e^{-|x|}\,dx = 2 \int_0^{\infty} e^{-x}\,dx = 2\left[-e^{-x}\right]_0^{\infty} = 2 < \infty$$

(a) $N = 100$　　　　　　　　(b) $N = 1000$

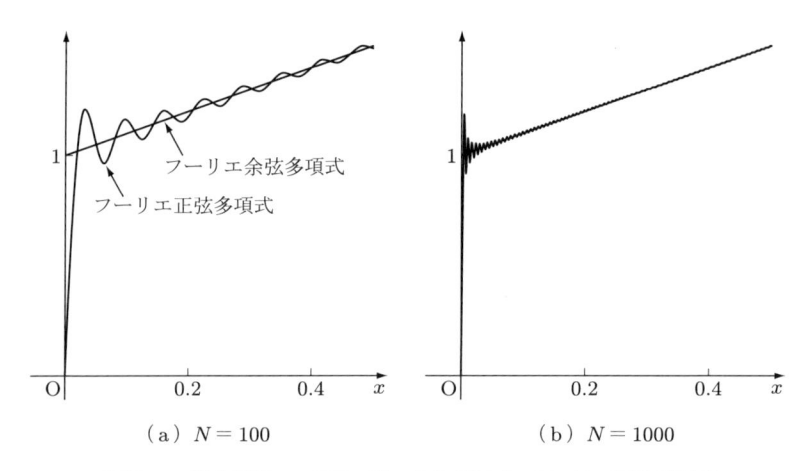

**解図 13**　章末問題 1.7 のフーリエ余弦多項式，フーリエ正弦多項式

(2)　定義どおりに計算すればよい．

$$\mathcal{F}\left[e^{-|x|}\right](\xi) = \int_{-\infty}^{\infty} e^{-|x|} e^{-i\xi x}\, dx$$
$$= \int_{0}^{\infty} (e^{-(1+i\xi)x} + e^{-(1-i\xi)x})\, dx$$
$$= \left[\frac{-1}{1+i\xi} e^{-(1+i\xi)x} + \frac{-1}{1-i\xi} e^{-(1-i\xi)x}\right]_{x=0}^{\infty}$$
$$= \frac{1}{1+i\xi} + \frac{1}{1-i\xi} = \frac{2}{1+\xi^2}$$

**練習問題 33**　まず，$\xi \neq 0$ として，部分積分で計算する．

$$\mathcal{F}[f](\xi) = \int_{-1}^{1} (1-x^2) e^{-i\xi x}\, dx$$
$$= \left[-\frac{1}{i\xi}(1-x^2) e^{-i\xi x}\right]_{x=-1}^{1} - \frac{2}{i\xi}\int_{-1}^{1} x e^{-i\xi x}\, dx$$
$$= -\frac{2}{i\xi}\left[-\frac{1}{i\xi} x e^{-i\xi x}\right]_{-1}^{1} + \frac{2}{\xi^2}\int_{-1}^{1} e^{-i\xi x}\, dx$$
$$= -\frac{2}{\xi^2}(e^{-i\xi} + e^{i\xi}) - \frac{2}{i\xi^3}(e^{-i\xi} - e^{i\xi})$$

ここで，オイラーの公式 $e^{\pm i\xi} = \cos\xi \pm i\sin\xi$ を用いて最後の式を整理すると，

$$\mathcal{F}[f](\xi) = -\frac{4}{\xi^2}\cos\xi + \frac{4}{\xi^3}\sin\xi$$

がわかる．

**練習問題 34** （1） 絶対積分可能性は，

$$\int_{-\infty}^{\infty} |f(x)|\, dx = \int_0^{\infty} e^{-x}\, dx = \left[-e^{-x}\right]_0^{\infty} = 1 < \infty$$

よりただちにわかる．グラフは省略．
（2） フーリエ変換は次で求められる．

$$\mathcal{F}[f](\xi) = \int_0^{\infty} e^{-x} e^{-i\xi x}\, dx = \int_0^{\infty} e^{(-1-i\xi)x}\, dx$$

$$= \left[\frac{-1}{1+i\xi} e^{(-1-i\xi)x}\right]_{x=0}^{\infty} = \frac{1}{1+i\xi}$$

（3） たたみ込みは次で与えられる．

$$(f*f)(x) = \int_0^{\infty} f(x-y)f(y)\, dy$$

$$= \begin{cases} \int_0^x e^{-(x-y)} e^{-y}\, dy = e^{-x} \int_0^x dx = xe^{-x} & (x>0) \\ 0 & (x \leq 0) \end{cases}$$

さらに，そのフーリエ変換は

$$\mathcal{F}[f*f](\xi) = \int_0^{\infty} xe^{-x} e^{-i\xi x}\, dx = \frac{1}{(1+i\xi)^2}$$

であるから，確かに $\mathcal{F}[f*f](\xi) = \mathcal{F}[f](\xi)^2$ が成立している．

**練習問題 35** $f(x)$ を式 (2.13) で定義される箱形関数とすると

$$\int_{-\infty}^{\infty} f(x)^2\, dx = \int_{-1}^{1} dx = 2$$

である．フーリエ変換に対するパーセバルの等式 (2.19) より

$$\frac{1}{2\pi}\left(\int_{-\infty}^{\infty} 4\frac{\sin^2 \xi}{\xi^2}\, d\xi\right) = 2$$

であるから，

$$I = \int_{-\infty}^{\infty} \frac{\sin^2 \xi}{\xi^2}\, d\xi = \pi$$

がわかる．

**練習問題 36** 代入すれば，解

$$g(x,t) = \frac{1}{2\sqrt{\pi t}} \int_{-1}^{1} (1-|y|) e^{-\frac{(x-y)^2}{4t}}\, dt$$

が得られる．

Maple による解のグラフィック表示は，パレット入力で

$$f := (x, t) \mapsto \frac{1}{2\sqrt{\pi * t}} * \int_{-1}^{1} (1 - |y|) * e^{-\frac{(x-y)^2}{4*t}} \, dt$$

を実行する．関数 f(x, t) を定義し，3D グラフィックならば

$$\text{plot3d}(f(x, t), x = -5..5, t = 0..5, \text{color} = \text{grey}, \text{grid} = [50, 50]);$$

とすればよい．もちろん $x$, $t$ の範囲やグラフの色，グリッド数は任意である．

## 第 2 章章末問題

**2.1** オイラーの公式 $e^{-i\xi x} = \cos \xi x - i \sin \xi x$，$\cos x \cos(\xi x)$ が偶関数，$\cos x \sin(\xi x)$ が奇関数であること，三角関数の加法公式 $\cos \alpha \cos \beta = \frac{1}{2}(\cos(\alpha + \beta) + \cos(\alpha - \beta))$ に注意する．

$$\begin{aligned}
\mathcal{F}[f](\xi) &= \int_{-\frac{\pi}{2}}^{\frac{\pi}{2}} \cos x e^{-i\xi x} \, dx \\
&= \int_{-\frac{\pi}{2}}^{\frac{\pi}{2}} (\cos x \cos(\xi x) - i \cos x \sin(\xi x)) \, dx \\
&= 2 \int_0^{\frac{\pi}{2}} \cos x \cos(\xi x) \, dx \\
&= \int_0^{\frac{\pi}{2}} (\cos(1 + \xi)x + \cos(1 - \xi)x) \, dx \\
&= \frac{1}{1 + \xi} \sin \frac{(1 + \xi)\pi}{2} + \frac{1}{1 - \xi} \sin \frac{(1 - \xi)\pi}{2}
\end{aligned}$$

ここで，関係式

$$\sin \frac{(1 \pm \xi)}{2} = \sin \frac{\pi}{2} \cos \frac{\xi \pi}{2} \pm \cos \frac{\pi}{2} \sin \frac{\xi \pi}{2} = \cos \frac{\xi \pi}{2}$$

に注意すると，最終的に

$$\mathcal{F}[f](\xi) = \frac{2}{1 - \xi^2} \cos \frac{\xi \pi}{2}$$

がわかる．

**2.2** fourier(expr, x, k); を実行すればよい．

（1） $\hat{f}(k) = e^{-\frac{1}{4}k^2} \sqrt{\pi}$  （2） $\hat{g}(k) = \dfrac{1}{1 + ik}$

**2.3** （1）だけ示す．（2）も同様である．オイラーの公式より，$e^{-i\xi x} = \cos \xi x - i \sin \xi x$ である．$f(x)$ が偶関数なので，$f(x) \cos \xi x$ は偶関数で $f(x) \sin \xi x$ は奇関数である．したがって

$$S(\xi) = \int_{-\infty}^{\infty} f(x) \sin \xi x \, dx = 0$$

であるから，問題の等式が成立する（注．フーリエ変換は，$F(\xi) = C(\xi) - iS(\xi)$ と書ける）．

**2.4** 公式 (2.14) より，逆フーリエ変換を考えると

$$\mathcal{F}^{-1}\left[\frac{2\sin\xi}{\xi}\right](x) = \frac{1}{2\pi}\int_{-\infty}^{\infty}\frac{2\sin\xi}{\xi}e^{i\xi x}\,d\xi = \begin{cases} 1 & (|x| \leq 1) \\ 0 & (|x| > 1) \end{cases}$$

したがって，この等式で $x=0$ とすると

$$\frac{1}{\pi}\int_{-\infty}^{\infty}\frac{\sin\xi}{\xi}\,d\xi = 1$$

である．そこで，この被積分関数が偶関数であることに注意すると，問題の等式が得られる．

**2.5** 定義どおりに計算すれば，ただちに示すことができる．実際，次が成立する．

$$\text{左辺} = \overline{\int_{-\infty}^{\infty}f(x)e^{-i\xi x}\,dx}$$
$$= \int_{-\infty}^{\infty}\overline{f(x)e^{-i\xi x}}\,dx$$
$$= \int_{-\infty}^{\infty}\overline{f(x)}e^{i\xi x}\,dx = \text{右辺}$$

## ■第 3 章

**練習問題 37** いずれも定義どおりに積分を計算するか，表 3.1 を参照して計算すればよい．

(1) $\dfrac{2+3s}{s^3}$ (2) $-\dfrac{3s-7}{(s-2)(s-1)}$ (3) $\dfrac{2}{s^2+4} - \dfrac{4s}{s^2+1}$

(4) $\dfrac{2}{s^2+4} - \dfrac{s}{s^2+2}$ (5) $\dfrac{1}{s+1} - \dfrac{s+1}{(s+1)^2+4}$ (6) $\dfrac{1}{s-4} + \dfrac{1}{s+4} - \dfrac{2}{s}$

**練習問題 38** チュートリアルどおりに入力し実行すれば，練習問題 37 と同じ結果が得られる．

**練習問題 39** (1) 双曲線関数の定義を思い出して，定義どおりに計算すればよい．

$$\mathcal{L}[\sinh\omega t](s) = \mathcal{L}\left[\frac{1}{2}(e^{\omega t} - e^{-\omega t})\right](s)$$
$$= \frac{1}{2}\left(\frac{1}{s-\omega} - \frac{1}{s+\omega}\right) = \frac{\omega}{s^2-\omega^2}$$

(2) ラプラス変換表 3.1 を 2 度使えばよい．

$$\mathcal{L}[e^{3t}\cos t] = \mathcal{L}[\cos t](s-3) = \frac{s-3}{(s-3)^2+1}$$

(3) 積分を計算して

$$h(t) = \int_0^t s^2 e^{-s}\,ds = 2 - 2e^{-t} - 2te^{-t} - t^2 e^{-t}$$

を求めてから

$$\mathcal{L}[2 - 2e^{-t} - 2te^{-t} - t^2 e^{-t}](s) = \frac{2}{s(1+s)^3}$$

を計算してもよいし，不定積分のラプラス変換とラプラス変換表 3.1 より

$$\mathcal{L}\left[\int_0^t s^2 e^{-s}\,ds\right](s) = \frac{1}{s}\mathcal{L}[t^2 e^{-t}](s) = \frac{1}{s}\frac{2!}{(s+1)^3} = \frac{2}{s(s+1)^3}$$

としてもよい．

**練習問題 40** チュートリアルどおりに入力し実行すれば，練習問題 39 と同じ結果が得られる．

**練習問題 41** 部分分数展開は 3.4 節で詳しく扱うが，本問程度は常識で対処可能であろう．
（1） $X(s)$ を部分分数展開する．

$$\frac{s^2 + s - 2}{s^2(s-2)} = \frac{1}{s^2} + \frac{1}{s-2}$$

したがって，ラプラス変換表 3.1 より次がわかる．

$$\mathcal{L}^{-1}[X(s)](t) = \mathcal{L}^{-1}\left[\frac{1}{s^2}\right](t) + \mathcal{L}^{-1}\left[\frac{1}{s-2}\right](t) = t + e^{2t}$$

（2） $Y(s)$ を部分分数展開する．

$$Y(s) = \frac{1}{2}\left(\frac{1}{s-1} - \frac{1}{s+1}\right)$$

したがって，ラプラス変換表 3.1 より次がわかる．

$$\mathcal{L}^{-1}[Y(s)](t) = \frac{1}{2}\left(\mathcal{L}^{-1}\left[\frac{1}{s-1}\right](t) - \mathcal{L}^{-1}\left[\frac{1}{s+1}\right](t)\right)$$
$$= \frac{1}{2}(e^t - e^{-t}) = \sinh t$$

（3） $Z(s)$ を部分分数展開する．

$$Z(s) = \frac{2}{s^3 - s^2} = -\frac{2}{s} - \frac{2}{s^2} + \frac{2}{s-1}$$

したがって，ラプラス変換表 3.1 より次がわかる．

$$\mathcal{L}^{-1}[Z(s)](t) = -2\mathcal{L}^{-1}\left[\frac{1}{s}\right](t) - 2\mathcal{L}^{-1}\left[\frac{1}{s^2}\right](t) + 2\mathcal{L}^{-1}\left[\frac{1}{s-2}\right](t)$$
$$= -2 - 2t + 2e^{2t}$$

**練習問題 42** チュートリアルどおりに入力し実行すれば，練習問題 41 と同じ結果が得られる．

**練習問題 43** （1）微分方程式の両辺をラプラス変換すると，$\mathcal{L}[x](s) = X(s)$ として

$$(sX(s) - 1) - 4X(s) = \frac{1}{s-1}$$

である．したがって

$$X(s) = \frac{1}{(s-4)(s-1)} + \frac{1}{s-4} = \frac{4}{3}\frac{1}{s-4} - \frac{1}{3}\frac{1}{s-1}$$

であるから，両辺をラプラス逆変換すると，次がわかる．

$$x(t) = \frac{4}{3}e^{4t} - \frac{1}{3}e^t$$

（2）（1）と同様にして，次がわかる．

$$x(t) = \frac{1}{2}t^2 e^{-t} - e^{-t}$$

（3）両辺をラプラス変換すると

$$(s^2 X(s) - s - 1) + (sX(s) - s) - 2X(s) = \frac{1}{s^2 + 1}$$

である．$X(s)$ について解いて，部分分数展開する．

$$\begin{aligned} X(s) &= \frac{1}{(s^2+s-2)(s^2+1)} + \frac{2s+1}{s^2+s-2} \\ &= \frac{14}{15}\frac{1}{s+2} + \frac{7}{6}\frac{1}{s-1} - \frac{1}{10}\frac{s}{s^2+1} - \frac{3}{10}\frac{1}{s^2+1} \end{aligned}$$

ラプラス逆変換すると，次がわかる．

$$x(t) = \frac{14}{15}e^{-2t} + \frac{7}{6}e^t - \frac{1}{10}\cos t - \frac{3}{10}\sin t$$

（4）両辺をラプラス変換すると

$$(s^2 X(s) - s) + (sX(s) - 1) + X(s) = \frac{1}{s+2}$$

となる．これを $X(s)$ について解いて，部分分数展開する．

$$\begin{aligned} X(s) &= \frac{1}{(s^2+s+1)(s+2)} + \frac{s+1}{s^2+s+1} \\ &= \frac{1}{3}\frac{1}{s+2} + \frac{2}{3}\frac{s+1/2}{(s+1/2)^2 + (\sqrt{3}/2)^2} + \frac{4}{\sqrt{3}}\frac{\sqrt{3}/2}{(s+1/2)^2 + (\sqrt{3}/2)^2} \end{aligned}$$

これをラプラス逆変換して整理すると，次がわかる．

$$x(t) = \frac{1}{3}e^{-2t} + \frac{2}{3}e^{-\frac{1}{2}t}\left(\cos\frac{\sqrt{3}}{2}t + 2\sqrt{3}\sin\frac{\sqrt{3}}{2}t\right)$$

## 第3章章末問題

**3.1** （1） $-\dfrac{s^2-6s+7}{(s-3)^3}$   （2） $\dfrac{s+2}{s^2+4s+5}$   （3） $\dfrac{24s(s^2-1)}{(s^2+1)^4}$

**3.2** （1） $e^{2t}+\dfrac{1}{4}te^{-\frac{1}{2}t}$   （2） $-\dfrac{1}{4}+\dfrac{9}{4}\cosh 2t$

（3） $1+\dfrac{1}{3}e^{-\frac{1}{2}t}\left(-3\cos\dfrac{\sqrt{3}}{2}t+\sqrt{3}\sin\dfrac{\sqrt{3}}{2}t\right)$

**3.3** （1） ラプラス変換すると

$$(s^2X(s)-2s+1)-3(sX(s)-2)+2X(s)=\dfrac{1}{s^2+1}$$

である．これを整理して

$$X(s)=\dfrac{1}{(s^2-3s+2)(s^2+1)}+\dfrac{2s-7}{s^2-3s+2}$$

である．これをラプラス逆変換すると，次がわかる．

$$x(t)=\dfrac{3}{10}\cos t+\dfrac{1}{10}\sin t+\dfrac{9}{2}e^t-\dfrac{14}{5}e^{2t}$$

（2） 手順は（1）と同じ．

$$x(t)=-\dfrac{2}{11}e^{2t}+\dfrac{1}{11}e^{-t}(13\cos\sqrt{2}t+3\sqrt{2}\sin\sqrt{2}t)$$

（3） 手順は（1）と同じ．

$$x(t)=-t^3-3t^2-12t-18+2e^{-\frac{1}{2}t}\left(9\cosh\dfrac{\sqrt{5}}{2}t+4\sqrt{5}\sinh\dfrac{\sqrt{5}}{2}t\right)$$

# 参考文献

長い歴史をもつフーリエ解析やラプラス解析に関しては，実に数多くのすぐれた書物が出版されており，すべてを列挙することは不可能に近い．そこで，本書を執筆するにあたって著者が参考にしたもののうち，比較的入手しやすいものを以下に簡単に紹介しておく．随時，参考にして，さらなる理解を深めて頂きたい．

[1] 大石進一，「フーリエ解析」，岩波書店，(1989).
   応用志向の本で，多くの実例を含んでいる．本書などより，はるかに，ゆったりとしたペースで書かれている．

[2] 大宮眞弓，「非線形波動の古典解析」，森北出版，(2008).
   フーリエ解析のテキストではないが，フーリエ解析を駆使して，ソリトンや不安定波といった非線形波動を解析する手法を解説している．ある種の非線形フーリエ解析とみなされる逆散乱法について詳しい．

[3] 金丸隆志，「Excel/OpenOfficeで学ぶフーリエ変換入門」，SoftBank Creative, (2011).
   代表的な表計算ソフトウェアであるExcelを用いたフーリエ変換を解説したもので，実験データをフーリエ変換して解析する手法を学ぶには最適と思われる．

[4] 木村英紀，「フーリエ－ラプラス解析」，岩波書店，(2007).
   フーリエ変換と離散フーリエ変換，ラプラス変換とその離散化である$z$変換を扱っている．応用志向だが，それらの理論の基礎を詳しく扱っている．

[5] L. シュワルツ（吉田耕作訳），「物理数学の方法」，岩波書店，(1979).
   著者は，超関数の基礎を作った20世紀最高の数学者の一人で，きわめて格調の高い物理数学の書物である．超関数のフーリエ変換や，ラプラス変換も扱っている．

[6] 谷川明夫，「フーリエ解析入門」，共立出版，(2007).
   本書では触れられなかった離散フーリエ変換の入門を，かなり詳しく扱っている．汎用数値計算ソフトウェアMatlabなどを使うにも，この本の程度の基礎知識は学習しておくほうが望ましい．

[7] 長瀬道弘，齋藤誠慈，「フーリエ解析へのアプローチ」，裳華房，(1997).
   解析学への応用を目指したもので，偏微分方程式の学習のための基礎を学習できる．

[8] J. フーリエ，「熱の解析的理論」，大学教育出版，(2005).
   フーリエ解析理論の創始者であるフーリエ(1768～1830)の，1822年の著書の邦訳である．190年前の古い本だが，予想以上に現代的な様子に驚かされる．新しい精神と，確固とした哲学をもとに書かれた本は，いつまでも新鮮なのだろう．

[9] 松尾博,「工学のためのフーリエ変換」, 森北出版, (2004).
工学の現場でのフーリエ解析を扱っている.

[10] 溝畑茂,「偏微分方程式論」, 岩波書店, (1965).
偏微分方程式に関する世界的な名著である. 冒頭の 40 頁余でフーリエ解析が手際よく, かつ, 格調高く解説されている. 私自身, 大学初年級の頃に, この本を読んで深く感激した. 40 年以上たった今も, そのことを, 鮮やかに覚えている.

　冒頭にも述べたように, 以上は完全なリストではない. 本書を読んで, フーリエ解析やラプラス解析に興味をもたれた読者は, 上記のような本や, それらの本の参考文献などを読むことによって, さらに深い知識が得られるに違いない. フーリエ・ラプラス解析は, 工学への応用に止まらず, 解析学の根幹に位置する, 実に深遠な学問なのである.

# 索引

## ■ 英数
JPEG　44
Maple ヘルプ　87

## ■ あ行
移流方程式　59
ウィーナー–ヒンチンの定理　58
ウェーブレット解析　35
エネルギースペクトル　57
オイラーの公式　2, 27

## ■ か行
ガウス関数　54
拡散現象　64
ギブス現象　34
基本周期　2
逆フーリエ変換　49
急減少　59
鋸歯状波　2
矩形波　2, 21
区分的になめらか　30
区分的に連続　30
クロネッカーの記号　37
項別に微分可能　12
コンボリューション　50

## ■ さ行
最良近似三角多項式　39
最良近似問題　36
サンプリング関数　53
自己相関関数　57
シフト公式　71
周期関数　1
収束座標　69
ジョルダン–ルベーグの定理　31
進行波解　62
数値解　87
絶対積分可能条件　48
相互相関関数　57

## ■ た行
第一種の不連続点　30
第二種の不連続点　30
たたみ込み　50
連なりピーク型関数　19
ディリクレ条件　14, 31

## ■ な行
熱伝導方程式　59

## ■ は行
箱形関数　52
波数　7
パーセバルの等式　40
パレット　84
パワースペクトル　57
ピーク型関数　19
左極限　30
評価関数　36
複素フーリエ級数　29
部分分数展開　77
フーリエ級数　5
フーリエ係数　5
フーリエ係数の公式　9
フーリエ係数の最終性　40
フーリエ正弦級数　44
フーリエ正弦展開　41
フーリエ多項式　5
フーリエの反転公式　48
フーリエ変換　49
フーリエ余弦級数　42
フーリエ余弦展開　41
ベッセルの不等式　40
変形鋸歯状波関数　23

## ■ ま行
右極限　30

## ■ ら行
ラプラス逆変換　75
ラプラス変換　67
ラプラス変換表　72

## ■ わ行
ワークシート　84

### 著者略歴

大宮　眞弓（おおみや・まゆみ）
- 1971 年　大阪大学理学部数学科卒業
- 1973 年　大阪大学大学院理学研究科修士課程数学専攻修了
- 1974 年　徳島大学教養部助手
　　　　　同講師，助教授を経て
- 1989 年　徳島大学教養部教授
- 1996～1997 年　アラバマ大学バーミングハム校文部省在外研究員
- 1997 年　同志社大学工学部電気工学科教授
- 2008 年　同志社大学大学院生命医科学研究科後期課程教授
- 2015 年　同志社大学名誉教授
　　　　　現在に至る
　　　　　理学博士

編集担当　富井　晃，太田陽喬（森北出版）
編集責任　石田昇司（森北出版）
組　　版　プレイン
印　　刷　丸井工文社
製　　本　丸井工文社

---

フーリエ・ラプラス解析の基礎　　　　ⓒ 大宮眞弓　2013

2013 年 3 月 27 日　第 1 版第 1 刷発行　【本書の無断転載を禁ず】
2017 年 3 月 10 日　第 1 版第 2 刷発行

著　　者　大宮眞弓
発 行 者　森北博巳
発 行 所　森北出版株式会社
　　　　　東京都千代田区富士見 1-4-11（〒102-0071）
　　　　　電話 03-3265-8341/FAX 03-3264-8709
　　　　　http://www.morikita.co.jp/
　　　　　日本書籍出版協会・自然科学書協会　会員
　　　　　JCOPY 〈（社）出版者著作権管理機構・委託出版物〉

落丁・乱丁本はお取替えいたします．
**Printed in Japan/ISBN 978-4-627-07721-8**

# MEMO